Lecture Notes in Mathematics

Edited by A. Dold and B. Eckmann

398

Théories de l'Information

Actes des Rencontres de Marseille-Luminy
5 au 7 Juin 1973

Edité par J. Kampé de Fériet et C. F. Picard

Springer-Verlag
Berlin · Heidelberg · New York 1974

J. Kampé de Fériet
C. F. Picard
Centre National
de la Recherche Scientifique
87 boulevard St. Michel
75-Paris 5e/France

Library of Congress Cataloging in Publication Data
Main entry under title:

Théories de l'information.

(Lecture notes in mathematics, 398)
French or English.
Sponsored by the Centre de rencontres mathématiques de Luminy.
Bibliography: p.
1. Information theory--Congresses. I. Kampé de Fériet, Joseph, 1893- ed. II. Picard, Claude Francois, 1926- ed. III. Centre de recontres mathèmatiques de Luminy. IV. Series: Lecture notes in mathematics (Berlin) 398.
QA3.L28 no. 398 [Q350] 510'.8s [001.53'9] 74-13984

AMS Subject Classifications (1970): 05A05, 06A10, 06A25, 28A10, 39A15, 60A05, 60A10, 94A10, 94A15, 94A20, 62B10, 90B15, 90B40, 05C20, 62C10

ISBN 3-540-06844-9 Springer-Verlag Berlin · Heidelberg · New York
ISBN 0-387-06844-9 Springer-Verlag New York · Heidelberg · Berlin

Offsetdruck: Julius Beltz, Hemsbach/Bergstr.

PREFACE

Le CENTRE DE RENCONTRES MATHEMATIQUES de LUMINY est une association qui se propose d'organiser des colloques ou séances de travail réunissant des mathématiciens de toute nationalité autour d'un thème commun (de mathématiques pures ou appliquées), sur le modèle de ce qui est réalisé depuis la seconde guerre mondiale au centre d'OBERWOLFACH en Allemagne.

Le premier de ces Colloques s'est tenu du 5 au 7 Juin 1973; son thème était L'INFORMATION ET LES QUESTIONNAIRES, et il a été organisé par MM. J. KAMPE DE FERIET et C.F. PICARD. Je suis particulièrement heureux que le CENTRE DE RENCONTRES ait pu accueillir une réunion de cette qualité. Le lecteur verra en effet que ces questions de mathématiques "appliquées" sont étroitement liées à des problèmes de mathématiques "pures" provenant des théories les plus diverses : ensembles ordonnés, groupes abéliens, mesures de Hausdorff, capacités de Choquet, analyse harmonique, etc... C'est dire l'atmosphère très stimulante pour la recherche mathématique engendrée par ce Colloque.

Il convient d'attirer particulièrement l'attention sur les contributions à ce volume suscitées par la nouvelle direction imprimée à la théorie de l'Information par MM. J. KAMPE DE FERIET et B. FORTE depuis 1967. En cherchant à dégager cette théorie de ses liens trop étroits avec le Calcul des Probabilités, ils ont été amenés à l'axiomatiser d'une façon originale; et il semble bien que se manifestent déjà les conséquences heureuses qui découlent d'une axiomatisation bien faite : élargissement de vues conduisant à un approfondissement des théories existantes, et nouvelles voies ouvertes tant en ce qui concerne les spéculations théoriques que le champ des applications diverses. On peut donc attendre avec confiance des progrès sensibles dans les questions discutées au cours de ce Colloque, qui, dans un proche avenir, feront, nous l'espérons, l'objet de réunions aussi fructueuses.

J. DIEUDONNE
Président du
Centre de Rencontres Mathématiques
de Luminy

TABLE DES MATIERES

LISTE DES CONFERENCIERS

J. KAMPE DE FERIET	82 Rue Meurein 59000 LILLE
C. LANGRAND	Université des Sciences et Techniques de LILLE UER de Mathématiques Pures et Appliquées Domaine universitaire scientifique BP 36 59650 VILLENEUVE D'ASCQ
J. LOSFELD	Institut Universitaire de Technologie de LILLE Département d'Informatique Domaine universitaire scientifique BP 5 59650 VILLENEUVE D'ASCQ
H. NGUYEN-TRUNG	Université des Sciences et Techniques de LILLE UER de Mathématiques Pures et Appliquées Domaine universitaire scientifique BP 36 59650 VILLENEUVE D'ASCQ
J. SALLANTIN	Université de POITIERS Département de Mathématiques 40 Avenue du Recteur Pineau 86022 POITIERS
C. BERTOLUZZA	Università di PAVIA Istituto Matematico Corso Strada Nuova 27100 PAVIA (ITALIA)
M. SCHNEIDER	Université de CLERMONT-FERRAND Département de Mathématiques Appliquées Ensemble scientifique des Cézeaux BP 45 63170 AUBIERE

R. THEODORESCU — LAVAL University
Department of Mathematics
Québec
CANADA

N. AGGARWAL — Université de BESANCON
UER des Sciences exactes et naturelles
La Bouloie, Route de Gray
25030 BESANCON

M. DEZA — 31 Rue Borghese
92200 Neuilly sur Seine

S. PETOLLA — Université PARIS VI
Groupe de Recherche "Structures de l'Information"
4 Place Jussieu
75230 PARIS CEDEX 05

C. PICARD — Centre National de la Recherche Scientifique
Université PARIS VI
Groupe de Recherche "Structures de l'Information"
4 Place Jussieu
75230 PARIS CEDEX 05

B. BOUCHON — Université Paris VI
Groupe de Recherche "Structures de l'Information"
4 Place Jussieu
75230 PARIS CEDEX 05

G. PETOLLA — Université de PARIS-DAUPHINE
Informatique
Place du Maréchal de Lattre de Tassigny
75775 PARIS CEDEX 16

Y. CESARI — Université de MONTPELLIER II
Mathématiques
Place Eugène Bataillon
34060 MONTPELLIER CEDEX

D. TOUNISSOUX

Institut Universitaire de Technologie
de MONTLUCON
Avenue Aristide Briand
03107 MONTLUCON

AVANT-PROPOS

La Théorie de l'Information, sous la forme classique que lui ont donné en 1948, Norbert WIENER et Claude SHANNON, est basée sur la probabilité et il est remarquable que les succès de la Théorie ont tous été obtenus dans des cas où il s'agit d'une probabilité a posteriori, c'est à dire une fréquence; en 1967 - en collaboration avec Bruno FORTE - l'un de nous s'est proposé de dégager les axiomes généraux auxquels doit satisfaire la mesure de l'information fournie par la réalisation d'un événement; la théorie générale déduite de ces axiomes contient, bien entendu, comme cas particulier la théorie de WIENER-SHANNON; mais elle peut s'appliquer à des ensembles d'événements qui ne peuvent pas être répétés et pour lesquels la notion de fréquence, - et par conséquent - celle de probabilité a posteriori, n'a aucun sens.

Les six exposés rapportés en premier lieu dans cet ouvrage (Kampé de Fériet, Langrand, Losfeld, Nguyen-Trung Hung, Sallantin, Bertoluzza et Schneider) développent dans des domaines variés cette nouvelle théorie générale de l'information. L'information généralisée était présentée jusqu'ici dans un modèle correspondant à la localisation d'un point ω dans un espace des phases Ω ; une perspective nouvelle est ouverte dans le premier article qui suggère une interprétation sémantique de l'Information, en la définissant pour un système de propositions décrivant les propriétés d'un ensemble d'objets; dans le troisième et le cinquième travail on examine le cas où l'Information est définie sur un ensemble ordonné et, en particulier, sur un treillis; dans le second et quatrième travail sont étudiées les relations de l'Information avec la mesure et la dimension de Hausdorff ainsi qu'avec les capacités et certaines notions plus générales (précapacités); enfin, ses spécifications, telles les informations de type inf et les informations composables, sont largement développées.

Les trois exposés suivants (Hengartner et Theodorescu, Aggarwal et Deza) se rapportent aux aspects probabilistes de la théorie de l'information : les deux premiers concernent les mesures définies à l'aide de fonctions convexes et de la notion de concentration tandis que le troisième donne des résultats spécifiques au codage et à la correction des erreurs.

Les questionnaires peuvent être considérés comme un canal de traitement de l'information; à ce titre ils illustrent et offrent un modèle aux programmes en informatique. Une expérience consistant en une partition ou un recouvrement par des sous-ensembles peut être réalisée par un questionnaire et conduit naturellement à une évaluation à l'aide d'une information qui peut être une mesure généralisée ou probabiliste. Les cinq derniers articles de ce livre sont consacrés à quelques uns des problèmes de questionnaire les plus originaux.

Après un rappel axiomatique (S. Petolla et Picard) faisant appel à divers types d'information, nous présentons des études fines correspondant à des situations spécifiques où la théorie avoisine les problèmes d' applications (Bouchon, G. Petolla et Césari) ; la dernière étude (Tounissoux) est consacrée à un critère de convergence relatif à des partitions lorsque les réponses à une question ne sont pas fiables.

Le regroupement des exposés présentés à ces premières Rencontres Mathématiques de Luminy en un seul volume et suivant un ordre qui nous a semblé s'imposer doit permettre par une bonne diffusion un nouvel approfondissement de ces théories de l'information et des questionnaires; d'autres interconnexions entre mathématiques et applications permettront de nouveaux développements à cette science-clé que constitue la théorie de l'information.

Joseph KAMPE DE FERIET

Claude François PICARD

LA THEORIE GENERALISEE DE L'INFORMATION

ET

LA MESURE SUBJECTIVE DE L'INFORMATION

Joseph KAMPE DE FERIET (Lille)

1 - J'avais d'abord pensé consacrer cet exposé à une synthèse des développements mathématiques de la théorie de l'Information généralisée, développements utilisant des techniques variées (idéaux, semi-groupes, capacités) et établissant des liaisons riches de promesses avec divers chapitres des Mathématiques ; mais, à la réflexion, j'ai jugé que, dans un Colloque comme celui-ci, il serait plus fructueux de tenter un retour aux sources et d'approfondir les concepts de base. En renouvelant l'exposition de ces concepts, j'espère projeter un éclairage nouveau sur les notions fondamentales et rendre possible un assouplissement de la théorie, qui en élargira le champ d'application.

Mon but n'est donc pas de donner l'impression que la théorie est achevée dans les moindres détails, mais bien, au contraire, que la voie s'ouvre encore très large à de nombreuses recherches ; en plusieurs points de cet exposé il s'agit d'un plan de travail plutôt que d'une conclusion définitive.

Néanmoins, pour que ceux d'entre vous, qui voudraient prendre connaissance des Travaux publiés depuis 1967 sur la théorie de l'Information généralisée puissent le faire aisément, la Bibliographie (due à Claude LANGRAND) leur fournira les renseignements nécessaires. Je tiens à souligner que, si dans mon texte, je concentre mes efforts sur l'information $J(A)$ fournie par un <u>événement</u> A néanmoins l'Information moyenne $H(\Pi)$ fournie par <u>une expérience</u> (un des événements A_i d'une partition Π s'est réalisé, mais on ignore lequel) a fait l'objet de nombreux et importants travaux, en particulier, de Bruno FORTE et Pietro BENVENUTI, dont on trouvera également les références dans la Bibliographie.

Pour donner un cadre à cette étude, je commencerai par un bref rappel historique. Quand on veut se référer à une base connue de tous, c'est à la théorie, créée en 1948 , par Norbert WIENER [Y] et Claude SHANNON [V] que l'on pense d'abord. En effet parmi les différentes théories proposées, c'est elle qui a eu le retentissement le plus considérable ; ses succès ont même suscité un tel intérêt, que, débordant le domaine pour lequel elle avait été conçue, on a tenté de l'appliquer aux problèmes les plus variés de la Recherche Scientifique ; certains ont même voulu y voir une sorte de Philosophie de la Connaissance Scientifique.

<u>Dans la théorie de</u> WIENER-SHANNON <u>la notion d'Information est basée sur celle de Probabilité</u>.

Etant donnée une classe $\mathcal{S}$ d'événements, on suppose définie la Probabilité $P(A)$ de tout $A \in \mathcal{S}$; lorsque l'événement A se produit la mesure de l'Information fournie est définie par :

$$J(A) = c \operatorname{Log} \frac{1}{P(A)} \tag{1}$$

c étant une constante positive qui permet de choisir l'unité d'Information (en général on prend $c = \frac{1}{\operatorname{Log} 2}$; l'unité d'information, le <u>bit</u>, est alors fournie par un événement ayant la probabilité $\frac{1}{2}$).

On déduit de cette définition <u>la formule de SHANNON</u> [V]

$$H(\Pi) = c \sum_i P(A_i) \operatorname{Log} \frac{1}{P(A_i)} \tag{2}$$

les événements A_i formant <u>une partition</u> Π <u>de l'ensemble</u> Ω <u>de tous les événements possibles</u>.

Il est clair que $H(\Pi)$ représente la valeur moyenne (espérance mathématique) de l'Information fournie lorsque l'un quelconque (on ne sait pas lequel) des événements A_i se réalise. La formule (1) a été donnée, casuellement , par N.WIENER [Y] p.75 dans le cas particulier $\Omega = [0,1]$, $P([a,b]) = b-a$. C'est pourquoi nous associons toujours le nom de WIENER à celui de SHANNON, car la formule (1) est la base d'où l'on déduit la formule (2) . Néanmoins dans le développement de la théorie toute l'attention s'est concentrée sur (2) et la formule (1) n'a été que rarement considérée ; de longs développements ont été consacrés à l'axiomatique justifiant (2) , mais l'axiomatique de (1) a été négligée : seul A.RENYI [P] , [R] lui a consacré une étude sommaire. Au contraire dans la théorie généralisée que nous avons proposée , avec Bruno FORTE, nos efforts se sont concentrés sur les axiomes définissant l'Information fournie par un événement.

La théorie de WIENER-SHANNON, basée sur la Probabilité, a connu un très grand succès, dans les problèmes de la transmission de l'Information : recherche d'un code optimum, notion de redondance et son importance pour la transmission en présence du bruit, définition de la capacité d'un canal etc... Elle a eu aussi d'intéressantes applications en Linguistique, par exemple l'explication de la loi de Zipf par B.MANDELBROT [D] , [M] (1) . Or, une remarque s'impose : dans tous les cas où cette théorie a été appliquée avec succès, les Probabilités utilisées sont toujours des Probabilités a posteriori c'est-à-dire, en fait, des fréquences mesurées sur des séries d'essais suffisamment longues : par exemple , pour établir un code optimum on commence par une étude statistique des messages transmis : fréquence des lettres de l'alphabet, fréquence des digrammes , trigrammes etc... De telle sorte que la formule utilisée pour définir l'Information fournie par A est, en réalité :

$$J(A) = \lim_{n \to +\infty} c \operatorname{Log} \frac{n}{n(A)} ,$$

$n(A)$ étant le nombre de réalisations de A dans une suite de n épreuves indépendantes ; il est clair que l'Information fournie par A est d'autant plus grande que A se réalise plus rarement : c'est l'effet de surprise qui est donc mis en relief.

Les réussites de la théorie de WIENER-SHANNON sont indiscutables dans le domaine pour lequel elle avait été créée : Claude SHANNON (comme R.HARTLEY [I] , qui avait, dès 1928, ouvert la voie en suggérant le logarithme d'une Probabilité dans un cas particulier) était Ingénieur de la Bell Telephone Company : le titre de son ouvrage [V] est d'ailleurs sans ambiguïté "The Mathematical Theory of Communication" ; il s'agissait donc essentiellement de la transmission de l'Information . L'horizon de WIENER dans sa Cybernetics [Y] était certes plus vaste; néanmoins le sous-titre est clair : Cybernetics or Control and Communication in the Animal and the Machine.

Bien entendu rien ne s'oppose à ce qu'on utilise dans les formules (1) et (2) des Probabilités a priori ; mais alors une difficulté

(1) On cite souvent les applications de la Thermodynamique, parmi les succès les plus remarquables de la Théorie de WIENER-SHANNON; nous sommes plus réservés sur ce point, car, comme l'a montré B.MANDELBROT, la Théorie de Sir RONALD FISHER, très différente, se prête au moins aussi bien au même but [K] .

apparaît : une Probabilité a priori ne peut se déterminer qu'en fonction des Informations que l'on possède sur la manière dont se produit l'événement A . Depuis LAPLACE tout le monde admet que, si nous donnons la Probabilité 1/6 à chacun des points d'un dé, c'est parce que nous n'avons pas d'autre Information sur le dé que l'existence des 6 faces ; c'est ce que les auteurs Anglo-Saxons appellent le "Principle of insufficient Reason" . Si nous avions des Informations supplémentaires, par exemple, si nous connaissions la position du Centre de gravité du dé, nous modifierons les Probabilités des six points. On peut aller plus loin et montrer que la détermination d'une Probabilité a priori exige souvent un certain classement parmi les Informations que l'on possède.

L'exemple suivant le montrera, je l'espère, clairement.

Au mini-colloque sur l'Information réuni à la Faculty of Mathematics de Waterloo du 23 au 28 Avril 1973, le Professeur J.ACZEL racontait que, dans une émission de télévision sur le Pape Jean XXIII , on pouvait voir, sur les murs de Rome, pendant le conclave, des affiches, "Toto Papa" ; le "Toto Calcio", si cher aux Italiens pariant sur les matches de football, était remplacé par un pari sur le résultat du Conclave ! Or pour parier il fallait évidemment classer les Informations que l'on pouvait recueillir ; on ne donnait pas la même valeur à toutes ces Informations : les propos du contrôleur d'autobus qui vous conduisait à votre bureau et ceux d'un haut fonctionnaire du Vatican, connaissant les tendances des Cardinaux, ne pouvaient peser du même poids dans la détermination de la Probabilité subjective fixant votre pari ! _Il y a donc , au moins en germe , toute une théorie de l'Information à la base de la définition de la Probabilité a priori servant de définition à_ J(A) !

Quant à la Probabilité a posteriori elle n'avait évidemment aucun sens, les Conclaves étant rares et, en outre, ce Conclave étant le seul où Jean XXIII pouvait être élu. Dans la formule (1) donnant l'Information fournie par l'élection du Pape, il aurait été absurde de tenter de calculer P(A) au moyen de la fréquence de A !

Une autre lacune a été souvent soulignée : L.BRILLOUIN [B] insiste beaucoup, en particulier, sur cet aspect ; même dans le cas de la transmission des messages, but auquel elle est bien adaptée, la théorie de WIENER-SHANNON reste purement _syntactique_ ; elle n'a aucune _valeur sémantique_ : elle est basée sur la _structure_ et non sur le contenu. Si dans un ensemble de messages, codés sous la forme d'une suite de 0 et de 1 , un "bloc" déterminé, par exemple , 01011 , apparait avec une fréquence connue, la valeur de l'Information déduite de cette fréquence ne nous apprend rien sur la signification du bloc 01011 et donc sur le contenu du message ; que la langue dans laquelle est rédigé le message nous soit familière, ou que nous l'ignorions totalement, l'Information calculée à partir de la fréquence du bloc est toujours la même!

En outre, dans de nombreuses situations concrètes, il est nécessaire de tenir compte de la valeur subjective de l'Information. Une loterie comporte un million de numéros ; après le tirage , on lit dans les journaux que le numéro gagnant est le numéro 0123456 ; pour WIENER-SHANNON l'Information apportée est $\frac{\text{Log } 10^6}{\text{Log } 2} = 18{,}8$ bits. Or, supposons trois lecteurs du journal dans les situations suivantes : le lecteur 1 ne prend jamais de billets de cette loterie ; le lecteur 2 a acheté un billet dont le numéro n'est pas le numéro gagnant ; le lecteur 3 a acheté précisément le numéro 0123456 ; cela a-t-il un sens d'admettre que pour tous les trois $J = 18{,}8$? Pour le premier $J = 0$: ce renseignement lui est indifférent ; pour le second on pourrait peut-être chiffrer J par le prix (perdu!) du billet ; pour le troisième J a une valeur énorme !

<u>Il nous parait donc clair que la théorie de</u> WIENER-SHANNON , <u>malgré ses succès dans certains domaines, ne constitue pas la Théorie générale de l'Information : il y a des aspects importants de la notion d'Information qui lui échappent.</u>

Avec une franchise et une clairvoyance remarquables, Claude SHANNON [U] , dès 1956 , - alors que le retentissement de sa découverte était à son apogée et que, éblouis par son succès, des chercheurs tentaient de l'introduire dans les domaines les plus divers - , écrivait ces lignes, dont le titre "The Bandwagon" exprime admirablement le but:

"Information theory has, in the last few years, become something of a scientific bandwagon. Starting as a technical tool for the communication engineer, it has received an extraordinary amount of publicity in the popular as well as the scientific press. In part, this has been due to connections with such fashionable fields as computing machines, cybernetics, and automation ; and in part, to the novelty of its subject matter. As a consequence, it has perhaps been ballooned to an importance beyond its actual accomplishments. Our fellow scientists in many different fields, attracted by the fanfare and by the new avenues opened to scientific analysis, are using these ideas in their own problems.

Applications are being made to biology, psychology, linguistics, fundamental physics, economics, the theory of organization, and many others. In short, information theory is currently partaking of a somewhat heady draught of general popularity.

Although this wawe of popularity is certainly pleasant and exciting for those of us working in the field, it carries at the same time an element of danger. While we feel that information theory is indeed a valuable tool in providing fundamental insights into the nature of communication problems and will continue to grow in importance, it is certainly no panacea for the communication engineer or a fortiori , for anyone else. Seldom do more than a few of nature's secrets give way at one time. It will be all too easy for our somewhat artificial prosperity to collapse overnight when it is realized that the use of a few exciting words like information, entropy, redundancy, do not solve all our problems".

Que d'autres définitions de la mesure de l'Information soient possibles et valables, il suffit pour le prouver de prendre connaissance des théories proposées par Sir RONALD FISHER et A.KOLMOGOROV.

La théorie de FISHER [H] a même précédé de plus de vingt ans (1925) celle de WIENER-SHANNON ; elle considère, elle aussi, un aspect très particulier : la détermination statistique des paramètres d'une loi de Probabilité ; dans le cas le plus simple la variable aléatoire X ayant une loi de Probabilité connue admettant une densité $p(x,\theta)$ dépendant d'un paramètre θ , comment déterminer ce paramètre de façon à représenter le mieux possible les valeurs $x_1, \dots, x_n$ prises par X dans n épreuves indépendantes ? L'idée fondamentale est de rechercher dans quelles statistiques , c'est-à-dire sur quelles surfaces $\varphi(x_1,\dots,x_n)$ de l'espace R^n , est concentrée l'Information obtenue sur θ . (Méthode du Maximum de vraisemblance) ; dans cette optique, FISHER prend comme mesure de l'Information, la quantité qui figure au dénominateur de l'inégalité de CRAMER-RAO :

$$I = n \int_{-\infty}^{+\infty} \frac{1}{p} \left|\frac{\partial p}{\partial \theta}\right|^2 dx.$$

La théorie de A.KOLMOGOROV [L] , développée par Martin LÖF [N] base la mesure d'une Information sur la notion de complexité d'un message.

Etant donné un message , - c'est-à-dire une suite de mots écrits avec un alphabet fini donné, - soit A un algorithme transformant les suites binaires finies en mots de cet alphabet ; soit p une suite binaire (un "programme") finie ; on note $\ell(p)$ sa longueur , c'est-à-dire le nombre des 0 et 1 de p. Par définition la complexité du message x , par rapport à l'algorithme A , a pour valeur :

$$K_A(x) = \inf_{A(p) = x} \ell(p)$$

et

$$K_A(x) = +\infty$$

s'il n'existe pas un tel "programme" p $(A(p) \neq x \ \forall\ p)$.

La clé de la théorie est donnée par le Théorème sur l'existence d'un algorithme universel (KOLMOGOROV et SOLOMONOV) c'est-à-dire d'un algorithme A tel que

$$K_A(x) \leq K_B(x) + c$$

pour tout algorithme B ; c étant une constante dépendant de A et B mais indépendante de x .

Une des applications les plus intéressantes de la théorie de KOLMOGOROV est la possibilité de définir un critère caractérisant une suite de nombres aléatoires, c'est-à-dire de donner un sens précis à la notion de "Collectif" de VON MISES , pierre angulaire d'une interprétation "fréquentiste" ou "objectiviste" des Probabilités.

Comme la théorie de WIENER-SHANNON , la définition de l'Information par la complexité est basée sur la structure plus que sur le contenu des messages.

En dehors de ces théories élaborées, - dans une perspective très différente de celle de WIENER-SHANNON - on a depuis longtemps mesuré une Information, (un peu comme M.JOURDAIN faisait de la prose !), chaque fois que l'on évaluait la précision d'un calcul.Quand nous calculons un nombre, par exemple le nombre π , et que nous obtenons les résultats successifs :

$$3,1 < \pi < 3,2$$
$$3,14 < \pi < 3,15$$
$$\dots$$

nous recevons une suite d'Informations et nous admettons volontiers que leur "valeur" augmente avec la précision ; la notion de mesure d'une Information se traduit d'une manière concrète quand nous utilisons un ordinateur pour faire le calcul, puisque nous consentons à payer au Bureau de Calcul une somme qui, évidemment, augmente avec la précision; à titre d'illustration, voici quelques chiffres [T] :

AUTEURS	DATE	MACHINE	DECIMALES	TEMPS
NICHOLSON , JEENEL	1954	NORC	3000	33^{mn}
GENUYS	1958	IBM 704	10000	100^{mn}
SHANKS , WRENCH	1961	IBM 7090	100000	8h 43^{mn}

N'est-il pas normal de prendre le temps (proportionnel au prix, si l'ordinateur reste le même) comme mesure de l'Information fournie par le résultat :

$$\frac{p}{10^q} < \pi < \frac{p+1}{10^q} \quad ?$$

La mesure d'une Information, faite sous cette forme naïve, mais parfaitement valable, en dehors de toute théorie élaborée, échappe au point de vue de WIENER-SHANNON ; π est complètement déterminé ; la Probabilité qu'il soit dans un intervalle décimal donné n'a aucun sens.

Pour conclure, il nous parait clair que <u>la théorie de WIENER-SHANNON</u> , - <u>dont le domaine privilégié concerne la transmission de l'Information</u> , - <u>est incapable de décrire les aspects très divers de la notion de mesure de l'Information</u> ; <u>on doit donc la considérer comme un cas particulier d'une théorie plus générale</u>, <u>cette théorie générale s'appliquant même lorsque la notion de fréquence perd son sens</u> , (parce que les événements que l'on considère ne se répètent jamais) et <u>pouvant aussi tenir compte du point de vue sémantique</u>, (la mesure de l'Information prenant alors une valeur subjective).

Telles sont les idées générales qui nous ont guidés lorsque, en 1967 , [10], [11], [12] , avec Bruno FORTE, nous avons proposé un système d'axiomes, auxquels doit, selon nous, satisfaire la mesure de l'Information J(A) fournie par un événement A .

2 - Une des grandes difficultés, quand on se propose de formuler les axiomes auxquels doit satisfaire la <u>mesure de l'Information</u>, c'est de savoir quel sens on donne au mot "Information". En effet, dans le vernaculaire, ce mot est employé, non seulement avec des sens divers , mais encore chacun de ces sens est auréolé de connotations variées, qui en modifient subtilement la portée. Chose curieuse, depuis qu'en

1948 , WIENER et SHANNON ont proposé leur théorie , une foule de sens nouveaux ont enrichi un folklore déjà exubérant .

Le LITTRÉ donne trois sens au mot "Information" :

1°) un sens philosophique, tiré de son étymologie : "informare" donner une forme; c'est dans ce sens qu'Aristote, distinguant forme et matière, considérait l'âme comme la forme d'un être vivant ;

2°) un sens juridique : la recherche ou la constatation d'un crime ;

3°) un sens fréquent dans le langage : donner un renseignement.

Le second sens nous est , évidemment, étranger ; nous laissons également de côté le premier sens, bien que, - sans doute , - il soit sous-jacent dans les théories modernes de la Biologie moléculaire, où il est courant de parler de "l'Information génétique d'une espèce vivante codée dans la suite des nucléotides de son ADN nucléaire", nous nous garderons de toute incursion dans ce domaine; au récent séminaire pluridisciplinaire de l'UNESCO à Venise (27 mai - 2 juin 1973), René THOM ne voyait dans "l'Information génétique" qu'un "mot commode qui dissimule l'abîme des ignorances que nous avons, en fait, des mécanismes du développement de l'embryon". N'allait-il pas jusqu'à dire que ce "vocable cache un finalisme honteux de lui-même et inavoué" - C'est donc uniquement l'Information considérée comme un renseignement qui retiendra notre attention. Bien entendu , nous n'avons pas la naïveté de croire qu'en posant l'égalité : Information = renseignement, - nous "définissons" l'Information ; car si nous ouvrons notre dictionnaire au mot "renseignement" , son sens est exprimé par d'autres mots et de mots en mots, le cycle se fermera et nous serons ramenés au mot "Information" lui-même. Ce n'est pas l'un des moindres mérites des théories axiomatiques de nous avoir habitués à admettre, qu'au point de départ de toute théorie, il y a nécessairement des termes non-définis. Renonçant à définir le mot "Information" nous devons par contre décrire avec précision dans quelles circonstances nous l'emploierons, dans son sens de "renseignement" ; nous devons fixer un critère opérationnel. Le cas typique me semble représenté par l'exemple suivant.

Pour assister au Colloque, je dois me rendre de Paris à Marseille en avion ; j'ai donc pris un billet pour le vol IT 705 du 4 juin; en arrivant à Orly, je me dirige vers le bureau "Information" d'Air Inter et je montre mon billet à l'hôtesse ; elle me dit immédiatement :

"Orly-Ouest , Hall 2 , Porte 24 , embarquement à 12h.20 , décollage à 12h.35".

Il y a donc essentiellement un Informateur (l'hôtesse) et un Ecouteur (moi) ; ici l'Informateur et l'Ecouteur communiquent par la parole ; au lieu de m'adresser au bureau "Information", j'aurais pu me placer devant le grand tableau central "Départs" ; l'Informateur aurait été caché à mes yeux, mais il m'aurait communiqué la réponse par les lettres lumineuses apparaissant sur ce tableau. Quel que soit le mode de communication le fait essentiel, c'est que l'Information est donnée par l'Informateur sous la forme d'une proposition (ou d'une suite de propositions), définissant, dans cet exemple, une localisation-spatio-temporelle : l'avion pour Marseille est à tel endroit à telle heure. Notons que lorsque nous disons "l'Ecouteur" nous n'énonçons qu'un des aspects de celui qui reçoit l'Information ; il faudrait pour le décrire moins incomplètement l'appeler le "Questionneur-Ecouteur" , car la proposition qu'il écoute est toujours une réponse : l'Information n'est donnée qu'en réponse à une question : l'hôtesse me localise l'avion de Marseille parce que je lui ai posé la question. Au Séminaire pluridisciplinaire de l'UNESCO à Venise, B.NEVITT exprimait cette importante remarque sous une forme imagée : "There is no Information in a Telephone Book : only data". Cet Annuaire du Téléphone , sur ma table , contient un nombre considérable de "données"; mais une de ces données ne devient pour moi une Information que quand je cherche le numéro d'une personne déterminée, c'est-à-dire quand je pose une question.

Dans certains cas l'existence de l'Informateur et de l'Ecouteur et la donnée de l'Information sous la forme d'une proposition ne sont pas apparents comme dans l'exemple du bureau d'Orly ; mais une analyse convenable peut toujours, croyons-nous, les mettre en évidence. On étudie actuellement , pour le R.E.R. de Paris ,une automatisation complète du réseau : à chaque station un appareil compte le nombre de voyageurs entrés sur le quai ; un ordinateur central totalise ces nombres et, quand le total atteint un chiffre fixé à l'avance, envoie un signal au dépôt des trains ; un train, sans conducteur, vient alors, automatiquement, se mettre à quai en tête de ligne. Il est clair que le rôle de l'Informateur est joué par le programmateur qui a réglé l'ordinateur central ; celui de l'Ecouteur par le programmateur qui a réglé le mécanisme de démarrage du train ; le signal envoyé par l'ordinateur au récepteur du train équivaut à la proposition :

"Le chiffre fixé pour le nombre des voyageurs est atteint".

Donc, même si l'un ou l'autre des trois termes :

Informateur , proposition , Ecouteur ,

doit parfois être pris dans un sens métaphorique, nous admettons comme critère opérationnel que l'Information est donnée par un Informateur à l'Ecouteur sous la forme d'une proposition , au sens de la logique formelle , c'est-à-dire d'une phrase associant au moyen du verbe avoir un nom (objet) et un prédicat (propriété, attribut , généralement exprimé par un adjectif).

L'Informateur a une liste L d'objets et une liste P de propriétés ; il répond à une question par une proposition :

$$p : \text{"L'objet } o \text{ a la propriété } \pi\text{."}$$

Pour que l'Informateur puisse répondre à toutes questions concernant les objets o de la liste L , il faut naturellement adjoindre à toute proposition p sa négation :

$$\sim p : \text{"L'objet } o \text{ n'a pas la propriété } \pi\text{"}.$$

Le catalogue $\mathcal{C}_0$ des réponses de l'Informateur permet d'associer à tout objet $o \in L$ et à toute propriété $\pi \in P$ une proposition qui sera, soit la proposition p, soit sa négation $\sim p$; il a donc pour cardinal :

$$\text{card}(\mathcal{C}_0) = \text{card}(L) \times \text{card}(P).$$

Mais, en général, on élargit ce catalogue $\mathcal{C}_0$, en adjoignant aux propositions p ou $\sim p$ des propositions composites déduites de celles du catalogue par les opérations classiques de la logique formelle permettant de répondre à des questions comme :

l'objet o_1 possède-t-il la propriété π_1 ou l'objet o_2 la propriété π_2 ? ...

L'Ecouteur a alors le droit de poser une question quelconque dont la réponse est donnée par une des propositions de la classe $\mathcal{C} \supset \mathcal{C}_0$; il est , croyons-nous, important de souligner que le choix de cette question est, en général, motivé par la nécessité de prendre une décision, les actes à accomplir résultant du contenu de la proposition. Par exemple, pour moi, à Orly, la réponse de l'hôtesse m'amène à monter dans le minibus reliant Orly-Sud à Orly-Ouest. C'est l'importance de cette décision qui permettra à l'Ecouteur d'évaluer la mesure de l'Information fournie par la réponse à sa question.

Si l'on admet ce point de vue, le cadre d'une théorie de l'Information est alors nettement tracé : elle doit consister dans un ensemble de règles permettant à un Ecouteur d'évaluer la mesure de l'Information qui lui apporte l'énoncé d'une proposition, c'est-à-dire de faire correspondre à toute proposition $p \in \mathcal{C}$ un nombre non négatif $I(p)$:

Axiome I' : $I : \mathcal{C} \to \overline{R^+}$

Dans nos exposés précédents [1] , [2] , [3] , nous avions choisi un cadre particulier, en empruntant un langage familier à la Mécanique Statistique ; "étant donné un <u>système</u> dont on observe les <u>états</u> ω , soit Ω l'ensemble de tous les ω ; un <u>événement élémentaire</u> consiste dans la réalisation d'un état représenté par le point ω de l'espace des phases Ω ; si, dans une expérience on sait seulement que $\omega \in A$, A étant une partie de Ω , on dit que <u>l'événement observable</u> A s'est réalisé ".

Dans cet énoncé le mot "<u>système</u>" doit, bien entendu, être pris dans un sens beaucoup plus général qu'en Mécanique Classique : <u>toute portion de l'Univers dont nous pouvons décrire l'état</u>.

La traduction dans le langage actuel est aisée : la liste L ne comprend qu'un seul objet : l'objet o qui est le système considéré ; la liste P des propriétés comprend tous les états observables, c'est-à-dire toutes les parties A de Ω appartenant à une certaine classe $\mathcal{S}$ (en général une σ-algèbre) ; le Questionnaire-Ecouteur est <u>l'Observateur</u> qui reçoit comme information la proposition :

p_A : le système est dans l'un des états $\omega \in A$.

La classe $\mathcal{C}$ des propositions est constituée par l'ensemble des propositions p_A , quand A parcourt $\mathcal{S}$.

L'Information $J(A)$ fournie par la réalisation de l'événement observable A est, par définition, la mesure de l'Information donnée par la proposition p_A : $J(A) = I(p_A)$.

L'Observateur pose une question quand il fait une expérience ; il reçoit la réponse de l'Informateur, lorsqu'il constate que ω est dans A ; le critère opérationnel est satisfait, dans un sens métaphorique.

Notre présentation antérieure rentre donc dans ce cadre élargi ; soulignons néanmoins qu'elle l'oriente dans un sens assez particulier :

à ce point de vue l'Information concerne une <u>localisation</u> dans l'espace des phases, comme le montrent les axiomes que nous avons proposés avec B.FORTE [10], [11], [12] :

Axiome I : $J : \mathcal{S} \to \overline{R^+}$

Axiome II : $B \subset A$, $B \in \mathcal{S}$, $A \in \mathcal{S}$ $\Rightarrow$ $J(B) \geq J(A)$

L'Information croît quand l'événement observable décroît, c'est-à-dire au fur et à mesure que l'on localise mieux l'état ω dans l'espace des phases Ω.

Au contraire si l'on attache la mesure $I(p)$ a une proposition p : "l'objet o a la propriété π ", on peut s'orienter dans le sens d'une <u>interprétation</u> <u>sémantique</u>, dans une voie analogue à celle qui a été explorée par R.CARNAP et Y.BAR-HILLEL [C].

Il est clair que les deux points de vue sont différents ; par exemple, si, en visite chez un Collègue, je lui demande la "Théorie Analytique de la Chaleur" de FOURIER et qu'il me dit successivement :

p : j'ai ce livre dans ma bibliothèque,
q : il est relié en rouge,
r : c'est un in 4°,
s : il est sur le 3e rayon à droite,

la localisation se précise à chaque nouvelle proposition et mon Information augmente ; elle atteint son maximum au moment où je prends en main ce volume : <u>le point</u> ω <u>est localisé</u> ; mais il est clair que cette information n'a aucun rapport avec celle qui est <u>contenue dans le livre</u> et que me fournirait sa lecture.

C'est pourquoi, croyons-nous, il n'y a pas lieu de se hâter d'imposer a priori des conditions à la classe $\mathcal{C}$ de propositions ; il faut laisser d'elles-mêmes s'introduire les conditions qui se présenteront dans des applications de plus en plus variées.

C'est J.SALLANTIN qui, pour appliquer la théorie généralisée de l'Information à la Mécanique Quantique a été amené à définir l'Information sur une classe de propositions [76], [77], [78] ; la classe $\mathcal{C}$, qui se présente naturellement dans ce cas, est celle d'un treillis complet orthocomplémenté.

A ce Colloque, J.LOSFELD prend comme point de départ un ensemble partiellement ordonné; s'il s'agit d'un ensemble de propositions, la relation d'ordre partiel entre deux propositions sera définie par l'impli-

<u>cation</u> :

$p \Rightarrow q$: si p est vraie, q est vraie.

Les propostions p et q étant mises sous la forme :

p : l'objet o_1 possède la propriété π_1 ,

q : l'objet o_2 possède la propriété π_2 ,

l'implication correspond à l'affirmation :

si l'objet o_1 possède la propriété π_1 , l'objet o_2 possède la propriété π_2 .

L'axiome II a alors comme équivalent :

Axiome II' : $p \Rightarrow q : I(p) \geq I(q)$.

Il faut souligner, comme le fait J.LOSFELD, que la définition d'une mesure de l'Information I sur une classe $\mathcal{C}$ de propositions partiellement ordonnée par l'implication apparaît ainsi comme le prolongement de cet ordre partiel en un ordre total, la relation d'ordre entre deux propositions p et q quelconques étant alors définie par l'ordre des deux nombres non négatifs $I(p)$, $I(q)$. <u>Cette possibilité d'ordonner une classe quelconque de propositions nous paraît être la racine profonde de toute théorie de la mesure de l'Information</u>.

Sans entrer, dès maintenant, dans des détails plus précis, indiquons néanmoins que la structure de <u>treillis</u> se présente très naturellement : la classe $\mathcal{C}$ est telle que pour tout couple de propositions p et q elle contient les propositions

$p \wedge q$ = l'objet o_1 possède la propriété π_1 et l'objet o_2 la propriété π_2,

$p \vee q$ = l'objet o_1 possède la propriété π_1 ou l'objet o_2 la propriété π_2.

Puisque $p \wedge q \Rightarrow p$ et $p \wedge q \Rightarrow q$ et que $p \Rightarrow p \vee q$ et $q \Rightarrow p \vee q$ on doit donc avoir :

$$I(p \vee q) \leq \text{Inf}[I(p), I(q)] \leq \text{Sup}[I(p), I(q)] \leq I(p \wedge q).$$

Nous ne poursuiverons pas davantage ces remarques qui, faites à vide, sans une interprétation précise de la classe $\mathcal{C}$ de propositions présentant la structure de treillis, demeurent assez fastidieuses, mais nous donnerons un exemple d'une classe de propositions, exemple qui nous semble éclairer les rapports entre une Information sémantique et une Information de localisation.

Considérons les n hommes politiques : $h_1,\ldots, h_n$,dont nous avons toutes raisons de croire que, en vertu de leurs pouvoirs , ils déterminent par leurs décisions le proche avenir de l'histoire. A notre point de vue, chacun d'eux ne peut être que dans deux états : l'espace des phases Ω_j , représentant les états de h_j comprend donc deux points ; si h_j est au pouvoir nous poserons $\omega_j = 1$, s'il n'est plus au pouvoir (mort, déchu, non-réélu, etc...) $\omega_j = 0$:

$$\Omega_j = II = \{0,1\} .$$

Admettons que l'état d'un homme politique est indépendant de l'état de tous les autres, c'est-à-dire que l'état de tous les autres étant fixé il peut être lui-même soit dans l'état 1 soit dans l'état 0 ; l'espace des phases Ω , représentant, à un instant donné l'état des n hommes politiques est alors l'espace produit [39] , [40]

$$\Omega = \Omega_1 \times \ldots \times \Omega_n = II^n ;$$

le point ω représentant un des 2^n états possibles est alors :

$$\omega = (\omega_1,\ldots, \omega_n) , \omega_j \in II , \forall j.$$

A l'instant initial tous les hommes politiques sont au pouvoir

$$\omega(0) = (1,\ldots,1).$$

Aussi longtemps qu'il ne s'est produit aucun événement (disparition d'un homme politique)

$$\omega(t) \equiv \omega(0)$$

nous admettons que nous n'avons reçu aucune Information et nous posons:

$$J[\omega(t)] = 0.$$

Si à l'instant t_o nous apprenons qu'un homme politique h_j est passé de l'état 1 à l'état 0 , nous posons :

$$J[\omega(t)] = \beta_j \quad \beta_j \in \overline{R^*} \qquad t \geq t_o .$$

En raison de l'indépendance des états des hommes politiques, nous aurons à un instant t quelconque :

$$J[\omega(t)] = \Sigma_1^n (1-\omega_j)\beta_j .$$

Notons qu'un événement est défini ici non pas, comme un état c'est-à-dire un point de Ω , mais comme le passage d'un point de Ω à un autre.

Le caractère subjectif du choix des β_j est clair ; nous pensons que pour le déterminer on peut utiliser les Probabilités subjectives telles qu'elles sont définies par B. DE FINETTI [E] , [F] , [G] et L.SAVAGE [S] . En réalité, si nous observons l'état des n hommes politiques , c'est parce que nous nous intéressons à un événement précis E , dont nous estimons qu'il dépend d'eux : dévaluation de la monnaie, signature d'un accord commercial, déclenchement d'une guerre, etc... Le problème est d'évaluer l'influence de l'état de h_j sur E , c'est-à-dire d'évaluer les Probabilités conditionnelles :

$$P(E|\omega_j = 1) \ , \ P(E|\omega_j = 0) \quad ;$$

si nous admettons que, en tenant compte des Informations que nous possédons sur l'action habituelle de h_j , nous pouvons donner des valeurs subjectives acceptables à ces deux Probabilités, il semble logique de supposer que β_j ne doit dépendre que de

$$P(E|\omega_j = 1) - P(E|\omega_j = 0) \quad .$$

Si $P(E|\omega_j = 1) = P(E|\omega_j = 0)$, la proposition, annonçant le passage de h_j de l'état 1 à l'état 0 , est sans intérêt pour nous, puisqu'elle ne modifie pas la probabilité de l'événement E ; elle a, au contraire un intérêt maximum si $P(E|\omega_j = 1) - P(E|\omega_j = 0) = 1$ (l'événement E certain tant que h_j est au pouvoir, devient impossible s'il perd le pouvoir), ou si $P(E|\omega_j = 1) - P(E|\omega_j = 0) = -1$ (interprétation inverse). Nous exprimerons ces conséquences, en choisissant une fonction $f(x)$:

$$f : [-1,+1] \to \overline{R^+}$$

$$f(-1) = \alpha \geq 0 \quad f(0) = 0 \quad , \quad f(+1) = \beta \geq 0$$

f décroissante sur $[-1,0]$, croissante sur $[0,+1]$.

Nous poserons :

$$\beta_j = f[P(E|\omega_j = 1) - P(E|\omega_j = 0)]$$

définissant ainsi une valeur (subjective) de l'Information qui nous est fournie lorsque h_j passe de l'état 1 à l'état 0 , cette valeur étant évaluée en ne prenant en considération que l'influence de h_j sur la réalisation de E .

Un simple changement de présentation permet de donner à ce résultat la forme que nous utilisons habituellement : il suffit d'affecter les mesures d'Information β_j aux <u>états</u> au lieu de les faire correspondre aux propositions annonçant l'événement: h_j est passé de l'état 1 à l'état 0 . Nous définissons une information J^* en donnant comme valeur à l'Information correspondant à chacun des 2^n points de Ω :

$$J^*[\{\omega\}] = J^*[(\omega_1,\ldots,\omega_n)] = \Sigma_1^n(1-\omega_j)\beta_j \ .$$

Ceci étant, toute partie A de Ω étant l'union d'un nombre fini de points, on pourra choisir pour $J^*(A)$ toute valeur satisfaisant les inégalités

$$\sup_{B\supset A} J^*(B) \leq J^*(A) \leq \inf_{\omega\in A} J^*[\{\omega\}] \ . \text{ (l'inclusion } B\supset A \text{ étant stricte)}$$

Notons que si A contient le point $(1,\ldots,1)$ on aura toujours $J^*(A) = 0$; en particulier on a bien $J^*(\Omega) = 0$. L'Information J^* se présente maintenant comme une Information de localisation, mais avec une interprétation spéciale : <u>quand on a finalement localisé le point ω , l'Information $J^*(\{\omega\})$ représente l'Information fournie par la proposition qui décrit l'état des n hommes politiques correspondant à ce point ω</u> .

Nous pensons que la situation décrite dans cet exemple se présente fréquemment : l'Ecouteur évalue l'Information que lui fournit une proposition énoncée par l'Informateur en réponse à sa question, cette évaluation étant faite en fonction de l'influence que la possession de la propriété π par l'objet o exerce sur la réalisation d'un événement E ; c'est même, (comme nous l'avons noté), l'intérêt qu'il porte à la réalisation de E qui le guide, en général, dans le choix de sa question.

3 - De la formule de WIENER, on peut inversement tirer l'expression de la Probabilité d'un événement en fonction de l'Information qu'il fournit :

$$\text{(3)} \qquad P(A) = e^{-\frac{J(A)}{c}} \qquad A \in \mathcal{S} \ ;$$

or une Probabilité étant additive vérifie la relation :

$$P(A \cup B) + P(A \cap B) = P(A) + P(B) \qquad \forall\, A,B \in \mathcal{S} \ ,$$

il en résulte donc que l'Information de WIENER-SHANNON satisfait, pour tout couple d'événements observables, à la condition :

$$(4) \qquad e^{-\frac{J(A\cup B)}{c}} + e^{-\frac{J(A\cap B)}{c}} = e^{-\frac{J(A)}{c}} + e^{-\frac{J(B)}{c}} \qquad A,B \in \mathcal{S}$$

par conséquent, si l'événement $A \cap B$ est <u>négligeable</u> ($P(A \cap B) = 0$, $J(A \cap B) = +\infty$) on doit avoir :

$$J(A\cup B) = -c \log \left[e^{-\frac{J(A)}{c}} + e^{-\frac{J(B)}{c}} \right], \quad A,B \in \mathcal{S}, \; A \cap B \text{ négligeable.}$$

cette relation est, en particulier, vérifiée si les événements A et B sont <u>incompatibles</u> : $A \cap B = \emptyset$: l'Information, - fournie par la réalisation de l'un ou l'autre des deux événements incompatibles A,B - est complètement déterminée, quand on connaît les Informations fournies par A et par B.

Cette propriété de l'Information de WIENER-SHANNON n'appartient pas à toutes les Informations ; un exemple simple est donné par la mesure de l'Information fournie par un calcul, lorsqu'on la définit par la précision du résultat ; cette remarque se généralise à une classe étendue : Ω est un espace métrique, et on définit l'Information fournie par A comme une fonction décroissante du diamètre $d(A)$; il n'existe aucune relation antre $d(A \cup B)$ et $d(A)$, $d(B)$. L'Information de WIENER-SHANNON appartient donc à une classe particulière : nous disons [1] qu'une Information J définie sur une algèbre $\mathcal{S}$ de parties de Ω est <u>composable</u>, s'il existe une fonction F telle que

$$(5) \qquad J(A\cup B) = F[J(A),J(B)] \qquad A,B \in \mathcal{S} \qquad A \cap B = \emptyset .$$

L'opération de composition F est régulière (o.c.r.) [19], si elle satisfait :

$C_1 \qquad F : \overline{R^+} \times \overline{R^+} \to \overline{R^+}$

$C_2 \qquad F \in C[\overline{R^+} \times \overline{R^+}]$

$C_3 \qquad F(y,x) = F(x,y)$

$C_4 \qquad F[x,F(y,z)] = F[F(x,y),z]$

$C_5 \qquad F(x,+\infty) = x$

$C_6 \qquad x' < x'' \Rightarrow F(x',y) \leq F(x'',y)$.

De C_3, C_5 et C_6 il résulte que :

$C_7 \qquad F(x,y) \leq \text{Inf}(x,y)$.

Toute o.c.r. définissant un semi-groupe topologique, nous avons pu déduire [14] des résultats généraux connus sur ces structures [0] la forme le plus générale d'une o.c.r.

La fonction

$$F_I(x,y) = \operatorname{Inf}(x,y) \quad ,$$

borne supérieure de toute o.c.r. , est elle-même une o.c.r.

L'ensemble des idempotents :

$$\Lambda = \{x : F(x,x) = x\} \subset \overline{R^+}$$

joue un rôle fondamental dans la classification des o.c.r. ; l'o.c.r. F_I est la seule pour laquelle $\Lambda = \overline{R^+}$.

En dehors de F_I les o.c.r. les plus simples et les plus usuelles appartiennent aux types M et M' , définis de la manière suivante:

Soit Θ une fonction satisfaisant :

Θ_1 $\quad \Theta : [0,\bar{\mu}] \to \overline{R^+} \qquad - \leq +$

Θ_2 $\quad \Theta \in C[0,\bar{\mu}]$

Θ_3 $\quad \Theta(0) = +\infty \quad , \quad \Theta(\bar{\mu}) = 0$

Θ_4 $\quad \Theta$ est strictement décroissante

si $\bar{\mu} < +\infty$, $F_M(x,y) = \operatorname{Sup}[0,\Theta[\Theta^{-1}(x) + \Theta^{-1}(y)]]$

si $\bar{\mu} = +\infty$, $F_{M'}(x,y) = \Theta[\Theta^{-1}(x) + \Theta^{-1}(y)]$.

L'o.c.r. de WIENER-SHANNON correspond au cas

$$\Theta(x) = c \operatorname{Log} \frac{1}{x} \qquad \bar{\mu} = 1 \qquad \text{(type M)}$$

$$F_S(x,y) = \operatorname{Sup}[0, - c \operatorname{Log}(e^{-\frac{x}{c}} + e^{-\frac{y}{c}})] \ .$$

Si l'on prend :

$$\Theta(x) = \frac{1}{x} \qquad \bar{\mu} = +\infty \ ,$$

on obtient l'o.c.r. hyperbolique :

$$F_H(x,y) = \frac{1}{\frac{1}{x} + \frac{1}{y}} \qquad \text{(type M')} \ ;$$

c'est l'opération de composition de l'Information :

$$J(A) = \frac{1}{\mu(A)}$$

μ étant une fonction additive telle que $\mu(\Omega) = +\infty$.

De l'o.c.r. $F(x,y)$ (opération de composition binaire) on déduit la suite d'opérations de composition n-aires [19] :

$$F_1(x_1) = x_1 .$$
$$F_2(x_1,x_2) = F(x_1,x_2)$$
$$\ldots\ldots$$
$$F_{n+1}(x_1,\ldots,x_{n+1}) = F[F_n(x_1,\ldots,x_n),x_{n+1}]$$

qui satisfont la relation générale :

$$F_{m+n}(x_1,\ldots,x_{m+n}) = F[F_m(x_1,\ldots,x_m),F_n(x_{m+1},\ldots,x_{m+n})] .$$

La suite des opérations de composition n-aires étant décroissante la limite (opération de composition séquentielle)

$$\lim_{n\to\infty} F_n(x_1,\ldots,x_n) = F_\infty(x_1,\ldots,x_n,\ldots)$$

existe en tout point $(x_1,\ldots,x_n,\ldots)$ de $\overline{R^+}^N$.

L'Information J définie sur une σ-algèbre $\mathcal{S}$ est σ-<u>composable</u> [1] si pour toute suite d'événements A_n , deux à deux incompatibles , $A_j \cap A_k = \emptyset$ $(j \neq k)$, on a :

$$\text{(6)} \qquad J[(U_1^{+\infty} A_n] = F_\infty[J(A_1),\ldots,J(A_n),\ldots] \qquad , A_n \in \mathcal{S}$$

L'Information de WIENER-SHANNON et l'Information hyperbolique (lorsque μ est une mesure) sont σ-composables.

Convenons de dire (Cl.LANGRAND [25] , [26]) que l'Information J est F-σ-<u>sous composable</u> , si pour toute suite d'événements A_n , on a :

$$\text{(7)} \qquad J[U_1^{+\infty} A_n] \geq F_\infty[J(A_1),\ldots,J(A_n),\ldots] \qquad ;$$

les trois classes d'Informations :

composables, σ-composables, σ-sous composables jouent respectivement le rôle

des fonctions additives , σ-additives (mesures) σ-sous additives (mesures extérieures).

Les informations du type Inf , - qui ont fait l'objet de plusieurs études détaillées [13] , [17] , [22] , [26] , [27] - ont été classées selon le critère suivant : $\mathfrak{m}$ étant un nombre cardinal tranfini quelconque, on dit que J est du type Inf-$\mathfrak{m}$ si la relation :

$$J[\bigcup_{i\in I} A_i] = \operatorname*{Inf}_{i\in I} J(A_i)$$

est vérifiée pour toute famille d'indices I telle que card(I) $\leq \mathfrak{m}$; lorsque $\mathfrak{m}$ = card(Ω) , I est du type Inf-c (c = complet). Toute Information du type Inf-c définie pour $\forall\, \omega \in \Omega$ peut être représentée sous la forme

$$J(A) = \operatorname*{Inf}_{A} \Phi \qquad \forall\, A \in \mathcal{P}(\Omega)$$

où $\Phi \;:\; \Omega \to \overline{R^+}$, $\operatorname*{Inf}_{\Omega} \Phi = 0$; une telle Information peut être interprétée comme le <u>temps d'entrée d'une trajectoire</u> [20] , [21] dans l'ensemble A .

Si Θ vérifie les conditions Θ_1 , Θ_2 , Θ_3 , Θ_4 et si μ est une fonction additive sur une algèbre $\mathcal{S}$, l'Information

$$J(A) = \Theta[\mu(A)]$$

admet une o.c.r. du type M ou M' selon que $\mu(\Omega) < +\infty$ ou $= +\infty$. Réciproquement si J est σ-composable par rapport à une o.c.r. du type M ou M' , V.MILISCI [29] a démontré qu'elle peut être représentée sous cette forme , μ étant une mesure.

Il est important de noter que la relation (4) , vérifiée par l'Information de WIENER-SHANNON s'étend à toute Information composable :

<u>Si la fonction</u> F(x,y) <u>vérifie les axiomes</u> C_1, C_3, C_4, C_5 <u>les deux conditions</u> :

(5) $$J(A\cup B) = F[J(A),J(B)] \quad , \quad \forall\, A,B \in \mathcal{S} \qquad A\cap B = \emptyset$$

(8) $$F[J(A\cup B),J(A\cap B) = F[J(A),J(B)] \qquad \forall\, A,B \in \mathcal{S}$$

sont <u>équivalentes</u> (voir Appendice).

On déduit de ce théorème :

a) la relation (5) reste vraie pour tout couple d'événements A,B tel que $A\cap B$ soit négligeable ($J(A\cap B) = +\infty$),

b) dans le cas du type Infimum, (5) reste vrai pour tout couple A,B.

L'extension de la notion d'o.c.r. à une Information $I(p)$ définie sur une classe $\mathcal{C}$ de propositions se présente très naturellement pour certaines classes $\mathcal{C}$; J.SALLANTIN [78] a étudié le cas d'un treillis complet ortho-complémenté ; il a en particulier considéré le cas où l'o.c.r. est de type M' .

Plus généralement , soit une classe $\mathcal{C}$ de propositions, partiellement ordonnée par l'implication ; soient 0 et 1 l'élément minimal et maximal (respectivement proposition toujours fausse et toujours vraie) ; $I(0) = +\infty$, $I(1) = 0$. On dira que I admet l'o.c.r. F si pour tout couple de propositions incompatibles (si p est vraie, q est fausse; si q est vraie, p est fausse)

$$I(p \vee q) = F[I(p),I(q)] \quad , \quad \forall\, p,q \in \mathcal{C} \quad , \; p \wedge q = 0$$

F vérifiant les axiomes C_1 à C_6 . On a alors :

$$F[I(p \vee q),I(p \wedge q)] = F[I(p),I(q)] \quad , \tag{6}$$

pour tout $p,q \in \mathcal{C}$ tel qu'il existe $p',q' \in \mathcal{C}$ satisfaisant :

$$p' \wedge q = 0 \quad , \quad p \wedge q' = 0 \quad , \quad p = p' \vee (p \wedge q) \quad , \quad q = q' \vee (p \wedge q).$$

Il est intéressant de noter que si l'on avait $F(x,y) = x+y$ (ce qui est exclu pour une o.c.r. en vertu de C_5) , I serait une <u>valuation isotone</u> [A] p.72 :

$$p \Rightarrow q \qquad v(p) \leq v(q)$$

$$v(p \vee q) + v(p \wedge q) = v(p) + v(q) \; .$$

Soit Θ une fonction satisfaisant Θ_1 , Θ_2 , Θ_3 , Θ_4 , l'Information définie sur $\mathcal{C}$ par :

$$I(p) = \Theta[v(p) - v(0)]$$

admet une o.c.r. du type M ou M' selon que $\bar{\mu} < +\infty$ ou $\bar{\mu} = +\infty$.

Notons enfin que si l'o.c.r. est du type Inf on a (en vertu de C_5) pour tout couple de propositions $p,q \in \mathcal{C}$:

$$I(p \vee q) = \text{Inf}[I(p),I(q)]$$

4 - Convaincu de l'importance des aspects subjectifs de l'Information, nous avons introduit [36], un modèle où l'on suppose l'état du système observé par un ensemble $\mathcal{O}$ d'Observateurs, chaque Observateur étant représenté par un point ξ de $\mathcal{O}$.

A chaque Observateur ξ correspond un espace des phases $\Omega_\xi = T_\xi \Omega$; quand l'événement $A \in \mathcal{S} \subset \mathcal{P}(\Omega)$ est réalisé, ξ observe l'événement $T_\xi A \in T_\xi \mathcal{S} \subset \mathcal{P}(\Omega_\xi)$; la transformation T_ξ qui remplace A par $T_\xi A$ exprime les erreurs de transmission (l'effet d bruit, si A est assimilé à un signal) ou simplement le point de vue subjectif de ξ, qui ne s'intéresse qu'à certains aspects de A. La mesure de l'Information fournie par l'événement A à l'Observateur ξ dépend donc essentiellement de ξ et nous la notons : $J_\xi(A)$.

Il est clair que ce point de vue est conforme au critère opérationnel ; dans notre modèle l'Observateur est simplement un Ecouteur s'intéressant à une classe particulière de propositions, celles qui lui décrivant les parties de Ω dans lesquelles se trouve le point ω représentant, dans l'espace des phases Ω, l'état du système, à l'instant où il pose sa question : <u>la mesure de l'Information est, par définition, subjective et il est tout naturel de la représenter par</u> $J_\xi(A)$.

Dans des situations concrètes intéressantes il est naturel d'imaginer [3], [39] qu'il existe un super-observateur H.Q. (initiales de HEAD QUARTER, ce super Observateur jouant le rôle d'un Quartier Général) qui a connaissance de tous les $T_\xi A$ et des mesures $J_\xi(A)$ correspondantes : quelle est la valeur de l'Information $J_{H.Q}(A)$ que H.Q. peut tirer de la connaissance des $J_\xi(A)$? ...

Le cas le plus simple est celui <u>où les Observateurs sont indépendants</u> [39], [40] : <u>l'état</u> T_{ξ_o} <u>observé par l'Observateur</u> ξ_o <u>peut être un point arbitraire de</u> Ω_{ξ_o}, <u>lorsque les états</u> $\omega_\xi = T_{\xi_\omega}$ <u>pour</u> $\forall\, \xi \in \mathcal{O} - \{\xi_o\}$ <u>sont déjà connus</u>. Dans ce cas à l'état $\omega \in \Omega$, H.Q. fera correspondre un point $\hat{\omega}$ d'un espace des phases $\hat{\Omega}$ défini comme l'espace produit :

$$\hat{\Omega} = \underset{\xi \in \mathcal{O}}{\mathsf{X}}\ \Omega_\xi .$$

Supposons, par exemple, que ω représente l'état de l'atmosphère tel qu'il est défini, à chaque instant, par les appareils enregistreurs d'un poste météorologique ; chaque Observateur ξ ne connait que l'indication d'un des appareils ; l'Observateur 1, la courbe de la pression barométrique p ; l'Observateur 2 , celle de la température T ; l'Observateur 3 , celle d'un anémomètre etc... Les Observateurs 1 et 2 sont indépendants, si l'on admet que la pression et la température ne sont liées par aucune relation : quand p est connue, la valeur T peut être quelconque.

De nombreuses interprétations sont possibles et chacune d'elles donne naissance à une définition particulière de l'Information $J_{H.Q}(A)$ fournie par H.Q : le cas des Observateurs indépendants conduit naturellement [39] à la définition :

$$J_{H.Q}(A) = \Sigma_1^n J_i(A_i)$$

si à $A \in \mathcal{P}(\Omega)$ correspond un rectangle $\hat{A}$ dans l'espace produit $\hat{\Omega}$, dont seuls un nombre fini de côtés A_i sont différents de l'espace Ω_ξ correspondant :

$$\hat{A} = \underset{\xi \in \mathcal{O}}{X} A_\xi \; .$$

$A_\xi = \Omega_\xi$ sauf si $\xi = 1,\ldots,i,\ldots,n$.

Dans une direction différente, on peut mettre l'accent sur la fiabilité des Observateurs : H.Q. est amené à affecter un poids aux Observateurs , de façon à écarter ceux qui lui semblent aberrants, avant de définir $J_{H.Q}(A)$.

Supposons par exemple que l'événement ω soit réalisé par l'émission d'un message constitué par une suite infinie de 0 et de 1 ; le message sera alors représenté par le point

$$\omega = \Sigma_1^{+\infty} \frac{\alpha_q}{2^q} \qquad \alpha_q \in II = \{0,1\} \quad .$$

de telle sorte que $\Omega = [0,1]$; par suite des erreurs de transmission et des erreurs de lecture à la réception, l'Observateur ξ enregistre le message :

$$\omega_\xi = \Sigma_1^{+\infty} \frac{\beta_q(\xi)}{2^q} \qquad \beta_q(\xi) \in II \; .$$

La distance $|\omega - \omega_\xi|$ caractérise la qualité de l'Observateur ξ ; mais en général H.Q ne connaît pas ω (sinon son travail de reconstitution pour déterminer $\hat{\omega}$ à partir de l'ensemble des ω_ξ serait inutile) ; il pourra, par exemple, calculer :

$$\eta(\mathcal{O}) = \sup_{\xi' \in \mathcal{O}, \xi'' \in \mathcal{O}} |\omega_{\xi'} - \omega_{\xi''}|$$

S'il estime que $\eta(\mathcal{O}) > \varepsilon$, ε caractérisant la limite des écarts admissibles, il cherchera à supprimer les messages ω_ξ qui paraissent les plus aberrants ; soit $\mathcal{O}_1 \subset \mathcal{O}$ l'ensemble des Observateurs conservés ; si

$$\eta(\mathcal{O}_1) = \sup_{\xi' \in \mathcal{O}_1, \xi'' \in \mathcal{O}_1} |\omega_{\xi'} - \omega_{\xi''}| < \varepsilon ,$$

il conservera tous les messages correspondant à $\mathcal{O}_1$, sinon il continuera l'élimination.

Quelle que soit la situation concrète, H.Q. est, en général, amené [36] à définir un poids λ sur une σ-algèbre $\mathcal{F}$ de $\mathcal{P}(\mathcal{O})$; si l'on tient ainsi compte de leur fiabilité, l'ensemble des Observateurs devient un espace probabilisé : $(\mathcal{O},\mathcal{F},\lambda)$.

Lorsque le poids λ est défini, si les J_ξ sont λ-mesurables, on peut considérer $J_\xi(A)$ comme une variable aléatoire, dont la fonction de distribution est donnée par :

$$K(A|x) = \lambda\{\xi : J_\xi(A) < x\} .$$

On retrouve ainsi le point de vue adopté par B.SCHWEIZER et A.SKLAR [41] , qui posent a priori que la mesure de l'Information fournie par un événement est une variable aléatoire ; ils ont d'ailleurs montré que leur point de vue est plus général que le nôtre .

En admettant que les $J_\xi(A)$ soient λ-mesurables pour $\forall A \in \mathcal{S}$, la première idée consiste à définir l'Information $J_{H.Q}$ comme une moyenne linéaire :

$$J_{H.Q}(A) = \int_{\mathcal{O}} J_\xi(A)\,d\lambda ,$$

l'espérance mathématique de la variable aléatoire J_ξ .

Cette définition de l'Information $J_{H.Q}$ possède une propriété intéressante : si deux événements A et B sont indépendants pour λ-presque tous les Observateurs, ils sont aussi indépendants pour H.Q. Par contre, du point de vue de la composabilité de $J_{H.Q}$ les résultats sont décevants [37],[38]; sauf dans le cas trivial ou λ-presque tous les Observateurs utilisent la même Information J en l'affectant d'un coefficient :

$$J_\xi(A) = \psi(\xi)\ J(A)$$

l'Information $J_{H.Q}$ n'est presque jamais composable, même si les J_ξ sont λ-presque toutes composables : $J_{H.Q}$ n'est composable que si λ-presque toutes les Informations J_ξ sont du type Inf et si, en outre, λ-presque tous les Observateurs classent tous les couples d'événements dans le même ordre :

$$\lambda\{\xi : J_\xi(A) \geq J_\xi(B)\} = 0 \text{ ou } 1 .$$

Si l'on veut que la compositivité des J_ξ implique celle de $J_{H.Q}$ il faut utiliser d'autres définitions ; dans le cas où les informations J_ξ sont λ-presque toutes du type M ou M' et σ-composables, en vertu du théorème de représentation de V.MILISCI [29] , il correspond à chaque ξ une mesure μ_ξ telle que :

$$J_\xi(A) = \Theta[\mu_\xi(A)]$$

(en particulier si les Observateurs emploient l'Information de WIENER-SHANNON on a $\Theta(x) = c \log \frac{1}{x}$) B.FORTE [32] a proposé cette définition

$$J_{H.Q}(A) = \Theta[\int_{\mathcal{O}} \Theta^{-1}[J_\xi(A)]\, d\lambda] \quad ;$$

l'Information fournie à H.Q. est alors du même type M ou M' que les Informations J_ξ ; l'on a :

$$J_{H.Q}(A) = \Theta[\mu(A)]$$

où

$$\mu(A) = \int_{\mathcal{O}} \mu_\xi(A)\, d\lambda \quad ;$$

mais par contre, en général, deux événements A et B indépendants pour λ-presque tous les Observateurs ne le sont pas pour H.Q.

Dans [21] , nous avons démontré que si λ-presque tous les Observateurs utilisent une Information J_ξ du type Inf-c , l'Information fournie à H.Q. étant définie par :

$$J_{H.Q}(A) = \operatorname{Inf}_{\mathcal{O}} \operatorname{Ess} J_\xi(A)$$

est aussi du type Infimum, mais en général seulement du type Inf-σ . B.FORTE [32] a ouvert une voie intéressante en introduisant la notion de "collecteur" ; l'ensemble des Observateurs étant un espace probabilisé $(\mathfrak{O},\mathfrak{F},\lambda)$ par l'introduction du poids λ , il considère qu'un ensemble $E \in \mathfrak{F}$ d'Observateurs fournit une Information $J_E(A)$, pour chaque ensemble E fixé J_E satisfait aux axiomes de l'Information généralisée ; on suppose en outre qu'elle admet une o.c.r. $F_E(x,y)$; peut-il exister une fonction $\psi(u,v,\lambda_1,\lambda_2)$ telle que $\forall E_1 , E_2 \in \mathfrak{F}$, $E_1 \cap E_2 = \emptyset$ on ait la relation :

$$J_{E_1 \cup E_2}(A) = \Psi[J_{E_1}(A), J_{E_2}(A), \lambda(E_1), \lambda(E_2)] \quad ?$$

Si cette fonction Ψ existe elle définit un "collecteur" . En particulier [32] si

$$\forall E \in \mathfrak{F} : F_E(x,y) = \Theta[\Theta^{-1}(x) + \Theta^{-1}(y)]$$

et si l'on définit l'Information fournie par l'ensemble E d'observateurs par :

$$J_E(A) = \Theta\left[\frac{1}{\lambda(E)} \int_E \Theta^{-1} [J_\xi(A)] dx\right]$$

la fonction :

$$\Psi(u,v,\lambda_1,\lambda_2) = \Theta\left[\frac{\lambda_1 \Theta^{-1}(u) + \lambda_2 \Theta^{-1}(v)}{\lambda_1 + \lambda_2}\right]$$

est un collecteur [32] .

Le cas où les Observateurs emploient l'Information de WIENER-SHANNON conduit à une équation fonctionnelle remarquable qui a été résolue par J.ACZEL , B.FORTE , C.NG [55] , [56] , [57] ; le cas où ils emploient une Information du type Inf a été résolu par P.BENVENUTI, DIVARI, M.PANDOLFI [33] ; ces recherches constituent un chapitre important de la théorie de l'Information généralisée.

<u>Appendice</u>.

L'équivalence des conditions (5) et (8) n'ayant pas encore été publiée, nous donnons ici la démonstration du :

<u>Théorème</u>. <u>Si la fonction</u> $F(x,y)$ <u>satisfait</u> C_1 , C_3 , C_4 , C_5 <u>les deux propositions</u> :

(5) $\forall A,B \in \mathcal{S}$, $A \cap B = \emptyset$: $J(A \cup B) = F[J(A),J(B)]$

(8) $\forall A,B \in \mathcal{S}$: $F[J(A \cup B),J(A \cap B)] = F[J(A),J(B)]$

<u>sont équivalentes</u>.

Il est clair que si $J(A \cap B) = +\infty$ (ce qui est en particulier satisfait si $A \cap B = \emptyset$), (8) $\Rightarrow$ (5) en vertu de C_5 .

Réciproquement de (5) , on déduit de C_4 pour les ensembles disjoints $A-B$, $B-A$, $A \cap B$:

$$J(A \cup B) = F_3[J(A - B), J(B - A) , J(A \cap B)]$$

d'où

$$F[J(A \cup B),J(A \cap B)] = F_4[J(A - B),J(B - A),J(A \cap B),J(A \cap B)]$$

puis en utilisant successivement C_3 et C_4 :

$$F[J(A \cup B),J(A \cap B)] = F[F(J(A - B),J(A \cap B)),F(J(B - A),J(A \cap B))] .$$

En appliquant (5) à $(A-B) \cup (A \cap B)$ et $(B-A) \cup (A \cap B)$ cette dernière égalité devient identique à (8).

Notons que (8) se généralise à un nombre quelconque d'événements ; par exemple :

$$F_4[J(A \cup B \cup C), J(A \cap B), J(B \cap C), J(C \cap A)]$$

$$= F_4[J(A \cap B \cap C), J(A), J(B), J(C)] ;$$

il en résulte que si les événements $A \cap B$, $B \cap C$, $C \cap A$ (et par conséquent $A \cap B \cap C$) sont <u>négligeables</u> , même si A,B,C ne sont pas deux à deux incompatibles, on a :

$$J(A \cup B \cup C) = F_3[J(A), J(B), J(C)] .$$

BIBLIOGRAPHIE

Auteurs cités :

[A] BIRKHOFF, G. - Lattice theory, Am. Math. Soc. colloquium publ., New york, 25, (1940).

[B] BRILLOUIN, L. - Science and information theory, New-York, Academic Press, (1956).

[C] CARNAP, A., BAR-HILLEL, Y. - An outline of a theory of semantic information, Brit. Jour. Phil. Sc, 4, 147-157, (1953)

[D] CHERRY, C. - On human communication. A review, a survey and a criticism, New York, Wiley, (1957).

[E] DE FINETTI, B. - La prévision : ses lois logiques, ses sources subjectives. Ann. Inst. Henri Poincaré, 7, 1-38, (1937).

[F] DE FINETTI, B. - Recent suggestions for the reconciliation of theories of probability, Proc. 2d Berkeley Symp. on Math. Stat. Prob., Univ. California Press, Berkeley (1951).

[G] DE FINETTI, B. - Subjective or objective probability : is the dispute undecidable ? , Symp. Math, IX, 21-36, (1973).

[H] FISHER, R. - Theory of statistical estimation, Proc. Cambridge Phil. Soc., 22, 700-725, (1925).

[I] HARTLEY, R.V.H. - Transmission of information, Bell System Techn. J., 7, 535-563, (1928).

[J] INGARDEN, R.S., URBANIK, K. - Information without Probabilities, colloquium Math., 9, 131-150, (1962).

[K] KAMPE DE FERIET, J. - La théorie de l'Information et la Mécanique statistique classique des systèmes en équilibre, Corso tenuto a Varenna dal 21 al 29 agosto 1964, Dinamica dei gas rarefacti, C.I.M.E., Roma, Cremonese, 143-210, (1965).

[L] KOLMOGOROV, A. - Logical basis for information theory and probability theory, I.E.E.E. Transactions on information theory, II - 14, n°5, 662-664, (1968).

[M] MANDELBROJT,B. - An informational theory of the structure of language based upon the theory of the statistical matching of messages and coding, Proc. of the London Symposium, (1952).

[N] MARTIN-LÖF, P. - The definition of random sequences information and control, 9, 602-619, (1966).

[O] MOSTER, P., SHIELDS, A. L. - On the structure of semigroups on a compact manifold with boundary, Ann. of Math., 65, 117-143, (1957).

[P] RENYI, A. - Dimension, entropy and information, Trans. II Prague conference on Information theory, statistical decision functions, random processes, Praha, 545-556, (1960).

[Q] RENYI, A. - On measures of entropy and information, Proc. IV Berkeley Symp. on Math. Stat. Prob. I, (1960), Univ. California Press, Berkeley, Los Angeles, 547-561, (1961).

[R] RENYI, A. - Wahrscheinlichkeitsrechnung mit einem Anhang über Informationstheorie , Berlin, D.V.W., (1962).

[S] SAVAGE, L. J. - The foundations of statistics,New York,Wiley,(1954).

[T] SHANKS, D., WRENCH, J.W. - Calculations of π to 100000 decimals, Math. Computation, 16, 76-99, (1962).

[U] SHANNON, C.E. - The bandwagon,I.E.E.E. Trans. Inform. theory, I.T. 2, 3, (1956).

[V] SHANNON, C.E., WEAVER, W. - A mathematical theory of communication, Un. of Illinois Press, Urbana, (1949).

[W] THIELE, H. - Einige Bemerkungen zur Weiterentwicklung der Informationstheorie, Nova Acta Leopoldina IX, 37/1, 206, p.473-502 (1972).

[X] URBANIK, K. - On the concept of Information, Bull. Acad. Pol. Sc., sér. Math. Astr. Phys., 20, 887-890, (1972).

[Y] WIENER, N. - Cybernetics or control and communication in the animal and the machine, Act. Scient. 1053, Paris, Hermann (1948) , New York.

Exposés d'ensemble :

[1] KAMPE DE FERIET, J. - Mesure de l'Information fournie par un événement, Colloques Internationaux, C.N.R.S. 186, Clermont-Ferrand 1969, C.N.R.S., Paris, 191-221, (1970).

[2] KAMPE DE FERIET, J. - Note di teoria dell'informazione, redatte da G.MASCHIO, Istituto di matematica applicata, Roma, (1972).

[3] KAMPE DE FERIET, J. - Mesure de l'information fournie par un événement, Séminaire sur les questionnaires, 24 nov. - 8 déc. 1971, Structures de l'Information, Institut Henri Poincaré, (1972).

Information fournie par un élément :

[4] BAIOCCHI, C., PINTACUDA, N. - Sull'assiomatica della teoria dell' informazione, Ann. Mat. pura e appl., IV, 80, 301-326, (1968).

[5] BENVENUTI, P. - Prolungamento delle informazioni σ-compositive, Symposia Mathematica (sous presse).

[6] CICILEO, H., FORTE, B. - Measures of ignorance, information and uncertainty, Part I, Calcolo, 8, 3, 215-236, (1971).

[7] FORTE, B. - Generalized measures of information and uncertainty, Proc. Meeting on information measures, Kitchener-Waterloo, Ontario, Canada, april 10-14, 1970, Univ. of Waterloo, Ontario, Canada.

[8] FORTE, B. - Measures of information : The general axiomatic theory, Rev. Inf. Rech. Oper. 3, R.2, 63-90, (1969).

[9] FORTE, B., BENVENUTI, P. - Loi de composition : relations entre l'indépendance et l'idempotence, C.R. Acad. Sc. Paris, 271, sér. A, 664-667 (1970).

[10] KAMPE DE FERIET, J., FORTE, B. - Information et probabilité, C.R. Acad. Sc., Paris, 265, sér. A, 110-114, (1967).

[11] KAMPE DE FERIET, J., FORTE, B. - Information et probabilité, C.R. Acad. Sc., Paris, 265, sér. A, 142-146, (1967).

[12] KAMPE DE FERIET, J., FORTE, B. - Information et probabilité, C.R. Acad. Sc., Paris, 265, sér. A, 350-353, (1967).

[13] KAMPE DE FERIET, J., BENVENUTI, P. - Sur une classe d'informations, C.R. Acad. Sc., Paris, 269, 97-101, (1969).

[14] KAMPE DE FERIET, J., FORTE, B., BENVENUTI, P. - Forme générale de l'opération de composition continue d'une information, C.R. Acad. Sc., Paris, 269, 529-534, (1969).

[15] KAMPE DE FERIET, J. - The composition law in Information theory, Reports of Meetings, 7 th. Int. Symp. Functional Equations, Waterloo, 16-18, (1969).

[16] KAMPE DE FERIET, J. - The composition law in Information theory, Aequationes mathematicae, 4, 216-218, (1970).

[17] KAMPE DE FERIET, J., BENVENUTI, P. - Idéaux caractéristiques d'une information, C.R. Acad. Sc., Paris, 272, sér.A, 1467-1470, (1971).

[18] KAMPE DE FERIET, J. - Composition law of the mean information, Aequationes Mathematicae, 6, 101, (1971).

[19] KAMPE DE FERIET, J., BENVENUTI, P. - Cpération de composition régulière et ensemble de valeurs d'une information, C.R. Acad. Sc., Paris, 274, sér. A, 655-659, (1972).

[20] KAMPE DE FERIET, J., NGUYEN-TRUNG, H. - Temps d'entrée d'un processus stochastique et mesure de l'information, C.R. Acad. Sc., Paris, 275, sér. A, 721-725, (1972).

[21] KAMPE DE FERIET, J., NGUYEN-TRUNG, H. - Mesure de l'information, temps d'entrée et dimension de Hausdorff, C.R. Acad. Sc., Paris, 276, sér. A, 807-811, (1973).

[22] KAMPE DE FERIET, J., BENVENUTI, P. - Information du type Inf, idéaux et filtres, C.R. Acad. Sc., Paris, 276, sér. A, 1123-1128, (1973).

[23] LANGRAND, C., NGUYEN-Trung, H. - Sur les mesures intérieures de l'information et les σ-précapacités, C.R. Acad. Sc., Paris, 275, sér. A, 927-930, (1972).

[24] LANGRAND C. - Constructions de m-précapacités, C.R. Acad. Sc., Paris, 275, sér. A, 1243-1246, (1972).

[25] LANGRAND C. - Mesures extérieures d'information, C.R. Acad. Sc., Paris, 276, sér. A, 703-706, (1973).

[26] LANGRAND, C. - Information généralisée; estimation et sélection ; Thèse de doctorat es sciences mathématiques, Lille, (1973).

[27] LAPIQUONNE, S. - Sur les ensembles de valeurs d'une information généralisée. Thèse de doctorat de spécialité, Lille, (1972).

[28] LAPIQUONNE, S. - Ensemble des valeurs des informations du type M ou M' , C.R. Acad. Sc., Paris, 274, sér. A, 1319-1322,(1972).

[29] MILISCI, V. - Un teorema di representazione delle informazioni M-compositive, Rendiconti di Matematica, 5, sér. VII, 271-281, (1972).

[30] NGUYEN-TRUNG, H. - Mesures d'information, capacités positives et sous-mesures, C.R. Acad. Sc., Paris, 275, sér. A, 441-443, (1972).

[31] PINTACUDA, N. - Prolongement des mesures d'information, C.R. Acad. Sc., Paris, 269, sér. A, 861-864, (1969).

Ensembles d'Observateurs :

[32] BAKER, J.A., FORTE, B., LAM, L.F. - On the existence of a collector for a class of information measures, Utilitas mathematica, 2, 219-239, (1972).

[33] BENVENUTI, P., DIVARI, M., PANDOLFI, M. - Su un sistema di equazioni funzionali proveniente della teoria soggettiva della informazione, Rend. di Mat, VI, 5, 529-540, (1972).

[34] FORTE, B. - Information and probability : collectors and compositivity, Symposia Mathematica, IX, 121-129, (1972).

[35] FORTE, B., PORITZ, D. - Information and probability : collectors and Shannon compositivity, Jahresberichte D.M.V. (sous presse).

[36] KAMPE DE FERIET, J. - Mesures de l'information par un ensemble d'observateurs, C.R. Acad. Sc., Paris, 269, sér. A, 1081-1085, (1969).

[37] KAMPE DE FERIET, J. - Mesure de l'information par un ensemble d'observateurs, C.R. Acad. Sc., Paris, 271, sér. A, 1017-1021, (1970).

[38] KAMPE DE FERIET, J. - Measure of information by a set of observers: a functional equation, Corso tenuto a La Mendola (Trento) dal 20 al 28 Agosto 1970, C.I.M.E., Functional equations and inequalities, Roma, Ed. Cremonese, 163-193, (1971).

[39] KAMPE DE FERIET, J. - Mesure de l'information par un ensemble d'informateurs indépendants, Proceedings VI th International conference on Information theory, Prague, Sept. 1971, 315-329 , (1973).

[40] KAMPE DE FERIET, J. - Measure of Information by a set of independent observers, Aequationes Mathematicae, 8, 159-161, (1972).

[41] SCHWEIZER, B., SKLAR, A. - Mesures aléatoires de l'information, C.R. Acad. Sc., Paris, 269, sér. A, 721-723, (1969).

[42] SCHWEIZER, B., SKLAR, A. - Mesure aléatoire de l'information et mesure de l'information par un ensemble d'observateurs, C.R. Acad. Sc., Paris, 272, sér. A, 149-153, (1971).

Information moyenne sur une expérience :

[43] ACZEL, J. - On different characterizations of entropies, Proc. Int. Symposium Prob. and Information theory, Mc Master Univ, Canada, April 1968, Lectures notes in Math, 89, Berlin - Heidelberg - New York, Springer, 1-11, (1969).

[44] ACZEL, J. - On measures of information and their characterizations, Proc. Meeting on information measures, Kitchener-Waterloo , Ontario, Canada, April 10-14, 1970, Univ. of Waterloo, Ontario, Canada.

[45] BENVENUTI, P. - Sulle misure d'informazione compositive con traccia compositiva universale, Rend. di Mat., VI, 2, 481-506 , (1969).

[46] BERTOLUZZA, C. - Sulla informazione condizionale, Statistica, 28, 242-245, (1968).

[47] DIVARI, M., PANDOLFI, M. - Su una legge compositiva dell'informazione, Rend. di Mat. VI, 3, 805-817, (1970).

[48] FORTE, B. - Information without probability and Shannon's entropy, Proc. of the Coll. on information theory, Debrecen, Hungary, 29-31, (1967).

[49] FORTE, B., BENVENUTI, P. - Sur une classe d'entropies universelles, C.R. Acad. Sc., Paris, 268, sér. A, 1628-1631, (1969).

[50] FORTE, B., PINTACUDA, N. - Information fournie par une expérience, C.R. Acad. Sc., Paris, 266, sér. A, 242-245, (1968).

[51] FORTE, B., PINTACUDA, N. - Sull'informazione associata alle esperienze incomplete, Ann. Mat. Pura e Appl., 4 , 80, 215-234, (1968).

[52] FORTE, B., BENVENUTI, P. - Su una classe di misure di informazione regolari a traccia shannoniana, Atti. Sem. Mat. Univ. Modena, 18, 99-108, (1969).

[53] FORTE, B., NG, C.T. - Entropies with branching property, Univ. of Waterloo, Ontario, Canada, (1973).

[54] FORTE, B. - Why Shannon's entropy, Symposia Mathematica, (sous-presse).

Equations fonctionnelles :

[55] ACZEL, J., FORTE, B., NG, C.T. - L'équation fonctionnelle triangulaire et la théorie de l'information sans probabilité, C.R. Acad. Sc., Paris, 275, sér. A, 727-729, (1972).

[56] ACZEL, J., FORTE, B., NG, C.T. - L'équation fonctionnelle triangulaire ; son application à une généralisation de l'équation de Cauchy, C.R. Acad. Sc., Paris, 275, sér. A,605-607, (1972).

[57] ACZEL, J., FORTE, B., NG, C.T. - On a triangular functional equation and some applications in particular to the probabilistic theory of information without probability, (to the memory of R.S.Varma) Aequationes Mathematicae (sous presse).

[58] BAIOCCHI, C. - Su un sistema di equazioni funzionali connesso con la teoria dell'informazione, Boll. Un. Mat. Ital. 2-23 ,236-246,(1967).

[59] BAIOCCHI, C. - Sur une équation fonctionnelle liée à la théorie de l'information, Proc. 7 th Inter. Symposium on functional equations, Waterloo-Dwight, Ont., Canada, 5-6, (1969).

[60] BENVENUTI, P. - Sulle soluzioni di un sistema di equazioni funzionali nella teoria dell'informazione, Rend. di Mat., VI, 2, 99-109, (1969).

[61] DAROCZY, Z. - Uber ein Funktionalgleichlungsystem der Informationstheorie, Aequationes Math., 2, 144-149, (1969).

[62] FORTE, B., DAROCZY, Z. - Sopra un sistema di equazioni funzionali nella teoria dell'informazione, Ann. Univ. Ferrara, 13 6 , 67-75, (1968).

[63] FORTE, B. - On a system of functional equations in Information theory, Aequationes mathematicae, 5, 202-211, (1970).

[64] FORTE, B. - The continuous solutions of a system of functional equations in Information theory, Rend. di Mat., VI, 31, 3 , 1-21, (1970).

[65] FORTE, B. - Applications of functional equations and inequalities to information theory, Corso tenuto a La Mendola (Trento) dal 20 al 28 agosto 1970, C.I.M.E., Functional equations and inequalities, Roma, Ed. Cremonese,113-140, (1971).

[66] KAMPE DE FERIET, J. - Sur une équation fonctionnelle de la théorie de l'information généralisant l'équation de Cauchy, Demonstratio Mathematica, (sous presse).

[67] SCHNEIDER, M., BERTOLUZZA, C. - Solution d'une équation fonctionnelle de la théorie de l'information, C.R. Acad. Sc., Paris, 277, sér.A, 539-541, (1973).

Applications :

[68] COMYN, G., LOSFELD, J. - Information généralisée sur une quasi-partition et information moyenne, C.R. Acad. Sc., Paris, 276, sér. A, 1373-1376, (1973).

[69] COMYN, G., LOSFELD, J. - Application de l'information généralisée à l'analyse des données statistiques, C.R. Acad. Sc., Paris, 276, sér. A, 1075-1078, (1973).

[70] LOSFELD, J. - Information moyenne dans une épreuve statistique, C.R. Acad. Sc., Paris, 275, sér. A, 509-512, (1972).

[71] PICARD, C.F. - Probabilités sur des graphes et information traitée par des questionnaires, 6 th Int. Prague Conference on Information theory, Prague 1971, 695-713.

[72] PICARD, C.F. - Graphes et Questionnaires, Gauthier-Villars,Paris, (1972).

[73] PICARD, C.F., SCHNEIDER, M. - Information du type M transmise par un questionnaire latticiel, C.R. Acad. Sc., Paris, 274, sér. A, 660-663, (1972).

[74] PICARD, C.F. - Dépendance et indépendance d'expérience, C.R. Acad. Sc., Paris, 276, sér. A, 1237-1240, (1973).

[75] PICARD, C.F. - Expériences dépendantes et conditionnement en information hyperbolique, C.R. Acad. Sc., Paris, 276, sér. A, 1369-1372, (1973).

[76] SALLANTIN, J. - Système de propositions et informations, C.R. Acad. Sc., Paris, 274, sér. A, 986-988, (1972).

[77] SALLANTIN, J. - Informations pures sur un système de propositions, C.R. Acad. Sc., Paris, 275, sér. A, 65-68, (1972).

[78] SALLANTIN, J. - Information, systèmes de propositions et logique de la mécanique quantique, Thèse de Doctorat de 3ème cycle, Univ. Paris VI, Paris, (1972).

[79] SCHNEIDER, M. - Information généralisée et questionnaires, Thèse de Doctorat de Spécialité, Lyon, (1970).

PRECAPACITES FORTES ET MESURES D'INFORMATION

Claude LANGRAND

Extension of certain information measures led us [5] to the notion of strong precapacity. In [6] we state, for the strong precapacities, a general construction theorem.

Here, we give the proof of this theorem and we deduce several results concerning the extension of such functions. Next we apply the previous results to construction problems and to extension of information measures of infimum type.

Dans l'exposé nous appelons pavage sur un ensemble Ω une classe de parties de Ω qui contient $\emptyset$. Lorsqu'une classe $\mathcal{F}$ de parties de Ω est stable pour les opérations de réunion finie et d'intersection dénombrable, nous dirons qu'elle est stable pour $(\cap f, \cap d)$.

Si m est un nombre transfini, une famille $(A_i)_{i\in L}$ de sous-ensembles de Ω est m-indexée si card $L \leq m$. Quand $m = \aleph_0$ ou $m = \text{card}\,\Omega$ nous dirons σ-indexée ou c-indexée.

Rappelons enfin qu'une classe $\mathcal{N}$ de parties d'un ensemble Ω est un m-idéal de $\mathcal{P}(\Omega)$ si

a) $\emptyset \in \mathcal{N}$

b) $\mathcal{N}$ est héréditaire $(A \in \mathcal{N}, B \subset A \Rightarrow B \in \mathcal{N})$

c) pour toute famille m-indexée $(A_i)_{i\in L}$ d'éléments de $\mathcal{N}$, on a $\bigcup_{i\in L} A_i \in \mathcal{N}$.

I - PRECAPACITES FORTES.-

Définition 1 :

Soient Ω un ensemble, $\mathcal{F}$ une classe de parties de Ω, m un nombre

<u>transfini tel que</u> $m \leq \text{card}\,\Omega$. <u>Nous appelons précapacité forte de type</u> m <u>sur</u> $\mathcal{F}$ <u>une fonction d'ensemble</u> I, <u>définie sur</u> $\mathcal{F}$, <u>à valeur dans</u> $\bar{\mathbb{R}}_+$, <u>telle que</u>

1) I <u>soit croissante</u> ($A \subset B \Rightarrow I(A) \leq I(B)$),
2) <u>pour toute famille</u> m<u>-indexée</u> $(K_i)_{i\in L}$ <u>d'éléments de</u> $\mathcal{F}$ <u>telle que</u> $\bigcup_{i\in L} K_i \in \mathcal{F}$, <u>on ait</u>

$$(1) \qquad I(\bigcup_{i\in L} K_i) = \sup_{i\in L} I(K_i).$$

Dans le cas où $\mathcal{F} = \mathcal{P}(\Omega)$ on dira, plus brièvement, précapacité forte de type m.

Lorsque, dans la définition ci-dessus, on n'est assuré d'avoir l'égalité (1) que pour toute suite croissante d'élèments de $\mathcal{F}$, nous appelons I, précapacité de type σ sur $\mathcal{F}$ de sorte que, pour $\mathcal{F} = \mathcal{P}(\Omega)$, notre définition correspond à la définition de précapacité (positive) de C. Dellacherie [2].

Exemples :

a) Soit $\mathcal{N}$ un m-idéal de $\mathcal{P}(\Omega)$ et f une application de Ω dans $\bar{\mathbb{R}}_+$. Les fonctions d'ensemble I et I' définies sur $\mathcal{P}(\Omega)$ par

si $A \in \mathcal{N}$, $I(A) = \sup_{\omega\in A} f(\omega)$, $I'(A) = 0$

si $A \notin \mathcal{N}$, $I(A) = +\infty$, $I'(A) = \sup_{\omega\in A} f(\omega)$

sont toutes deux des précapacités fortes de type m.

En particulier $I(A) = \sup_{\omega\in A} f(\omega)$ définit sur $\mathcal{P}(\Omega)$ une précapacité forte de type c.

b) Soit Ω un espace métrique ; pour tout nombre α positif et tout sous-ensemble A de Ω, posons

$$\mu_\alpha(A) = \lim_{\rho\to 0} \inf \sum_i (\text{diam}\, S_i)^\alpha$$

où l'infimum est pris pour tous les recouvrements σ-indexés de M par des boules fermées de diamètre inférieur à ρ. La fonction d'ensemble définie sur $\mathcal{P}(\Omega)$ par

$$\dim M = \inf\{\alpha : \mu_\alpha(M) = 0\}$$

est la dimension de Hausdorff. On vérifie facilement que c'est une précapacité forte de type σ.

Remarque :

La mesure extérieure est une fonction d'ensemble définie sur $\mathcal{P}(\Omega)$, à valeur dans $\bar{R}_+$ telle que

a) $\mu(\emptyset) = 0$

b) μ est croissante

c) $\mu(\bigcup_{i\in N} A_i) \leq \sum_{i\in N} \mu(A_i)$ pour toute suite d'éléments de $\mathcal{P}(\Omega)$.

Il est donc clair que toute précapacité forte de type σ, nulle pour l'ensemble vide, est une mesure extérieure. Les mesures extérieures citées par Rogers [8] sont pour la plupart, des précapacités fortes de type σ. Or, pour les mesures extérieures, Munroe [7] a proposé une méthode générale de construction. Ceci nous a amené à chercher, pour les mesures extérieures particulières que sont certaines précapacités fortes, un résultat du même type. C'est aisi que dans [6], nous avons énoncé pour toute précapacité forte le théorème suivant :

Théorème 1.-

Soient $\mathcal{C}$ une classe de parties de Ω, H une fonction d'ensemble définie sur $\mathcal{C}$ à valeur dans $\bar{R}_+$ et m un nombre transfini. La fonction d'ensemble définie sur $\mathcal{P}(\Omega)$ par

$$\forall A \in \mathcal{P}(\Omega) \quad , \quad I(A) = \inf_{\substack{C_i \in \mathcal{C} \\ \bigcup_{i\in L} C_i \supset A}} \sup_{i\in L} H(C_i)$$

où l'infimum est pris pour tous les recouvrements m-indexés de A par des éléments de $\mathcal{C}$, est une précapacité forte de type m.

On pose $I(A) = +\infty$ quand il n'existe pas de recouvrement m-indexé de A par des éléments de $\mathcal{C}$.

1) I est croissante : supposons $A_1 \subset A_2$; tout recouvrement m-indexé de A_2 est un recouvrement m-indexé de A_1, donc

$$I(A_1) \leq I(A_2).$$

2) Montrons que si $(A_i)_{i\in\Lambda}$ est une famille m-indexée d'éléments de $\mathcal{P}(\Omega)$ on a

(1) $$I(\bigcup_{i\in\Lambda} A_i) = \sup_{i\in\Lambda} I(A_i) .$$

En vertu de la croissance de I on a

(2) $$I(\bigcup_{i\in\Lambda} A_i) \geq \sup_{i\in\Lambda} I(A_i)$$

donc si $\sup_{i\in\Lambda} I(A_i) = +\infty$, (2) entraîne (1).

Supposons donc $\sup_{i\in\Lambda} I(A_i) < +\infty$. Quel que soit $\varepsilon > 0$, quel que soit $i\in\Lambda$, on peut trouver, d'après la définition de $I(A_i)$, une famille m-indexée $(C_j^{(i)})_{j\in L_i}$ d'éléments de $\mathcal{C}$ telle que $A_i \subset \bigcup_{j\in L_i} C_j^{(i)}$ et $\sup_{j\in L_i} H(C_j^{(i)}) \leq I(A_i)+\varepsilon$

Soit $(D_k)_{k\in K}$ la famille dont les éléments sont les $C_j^{(i)}$ pour $j \in L_i$ et $i \in \Lambda$. On a

$$\bigcup_{i\in\Lambda} A_i \subset \bigcup_{k\in K} D_k \quad \text{et} \quad D_k \in \mathcal{C} \quad \text{quel que soit} \quad k \in K.$$

Montrons que la famille D_k est m-indexée. D'après [1], si m est un cardinal transfini et $(m_i)_{i\in\Lambda}$ une famille de cardinaux inférieurs ou égaux à m dont l'ensemble d'indices Λ a un cardinal inférieur ou égal à m, on a $\sum_{i\in\Lambda} m_i \leq m$.

De plus, pour toute famille $(L_i)_{i\in\Lambda}$ d'ensembles, le cardinal de la réunion $\bigcup_{i\in\Lambda} L_i$ est au plus égal à $\sum_{i\in\Lambda} \operatorname{card} L_i$. Or, $\operatorname{card} L_i \leq m$ et $\operatorname{card} \Lambda \leq m$ entraînent que $\sum_{i\in\Lambda} \operatorname{card} L_i \leq m$. D'où $\operatorname{card} K \leq m$. On a mis en évidence une famille m-indexée $(D_k)_{k\in K}$ telle que

$$\forall k \in K \ , \ D_k \in \mathcal{C} \ \text{et} \ \bigcup_{i\in\Lambda} A_i \subset \bigcup_{k\in K} D_k .$$

D'après la définition de $I(\bigcup_{i\in\Lambda} A_i)$ on a

$$I(\bigcup_{i\in\Lambda} A_i) \leq \sup_{k\in K} H(D_k).$$

Or, $\sup_{k\in K} H(D_k) = \sup_{i\in\Lambda}(\sup_{j\in L_i} H(C_j^{(i)})) \leq \sup_{i\in\Lambda}(I(A_i) + \varepsilon)$, d'où

(3) $\quad \forall\, \varepsilon > 0 \qquad I(\bigcup_{i\in\Lambda} A_i) \leq \sup_{i\in\Lambda} I(A_i) + \varepsilon.$

(2) et (3) assurent alors le résultat (1).

Remarque :

Dans le cas où la fonction d'ensemble I, définie sur $\mathcal{P}(\Omega)$ comme dans le théorème ci-dessus, est telle que l'infimum soit pris pour tous les recouvrements c-indexée par des éléments de $\mathcal{C}$, nous construisons une précapacité forte de type c.

Puisqu'alors, quel que soit A appartenant à $\mathcal{P}(\Omega)$, on a

$$I(A) = \sup_{\omega\in A} I(\{\omega\}),$$

il suffit de connaître $I(\{\omega\})$ pour tout $\omega \in \Omega$, pour déterminer I sur $\mathcal{P}(\Omega)$.

Or, $I(\{\omega\}) = \inf_{\substack{C_i \in \mathcal{C} \\ \bigcup_{i\in L} C_i \supset \{\omega\}}} \sup_{i\in L} H(C_i)$ avec card $L \leq$ card Ω

- ou bien il n'existe pas $C \in \mathcal{C}$ tel que $C \supset \{\omega\}$ et alors

$$I(\{\omega\}) = +\infty \qquad \text{par convention}$$

- ou bien il existe $C \in \mathcal{C}$ tel que $C \supset \{\omega\}$ et

(1)
$$I(\{\omega\}) = \inf_{\substack{C \in \mathcal{C} \\ C \supset \{\omega\}}} H(C).$$

En effet, on a

$$I(\{\omega\}) = \inf_{\substack{C_i \in \mathcal{C} \\ \bigcup_{i\in L} C_i \supset \{\omega\}}} \sup_{i\in L} H(C_i) \leq \inf_{\substack{C \in \mathcal{C} \\ C \supset \{\omega\}}} H(C)$$

et donc l'égalité (1) si $I(\{\omega\}) = +\infty$. Sinon, quel que soit $h > 0$ tel que

$$\inf_{C_i \in \mathcal{C}} \sup_{i \in L} H(C_i) < h, \quad \bigcup_{i\in L} C_i \supset \{\omega\}$$

il existe une famille $(C_i^*)_{i\in L}$ d'éléments de $\mathcal{C}$ telle que

$$\bigcup_{i\in L} C_i^* \supset \{\omega\} \text{ et } \sup_{i\in L} H(C_i^*) < h.$$

Donc, il existe $i_o \in L$ tel que $C_{i_o}^* \in \mathcal{C}$, $C_{i_o}^* \supset \{\omega\}$ et $H(C_{i_o}^*) < h$, d'où $\inf_{\substack{C\in\mathcal{C} \\ C \supset \{\omega\}}} H(C) < h$. Donc

$$I(\{\omega\}) = \inf_{\substack{C \in \mathcal{C} \\ C \supset \{\omega\}}} H(C).$$

Il est intéressant de chercher à quelles conditions sur $\mathcal{C}$ et sur H, la fonction d'ensemble I, définie au théorème 1, est un prolongement de H à $\mathcal{P}(\Omega)$.

Proposition 1.-

<u>Une condition nécessaire et suffisante pour que la précapacité forte de type m, I, construite à partir de la fonction d'ensemble H définie sur une classe $\mathcal{C}$ de parties de Ω, soit un prolongement de H à $\mathcal{P}(\Omega)$ est que, pour toute famille m-indexée $(C_i)_{i\in L}$ d'éléments de $\mathcal{C}$ qui recouvre un élément C de $\mathcal{C}$, on ait</u>

$$H(C) \leq \sup_{i\in L} H(C_i).$$

1) Si I est un prolongement de H à $\mathcal{P}(\Omega)$ on a, puisque I est croissante,

$$\forall C \in \mathcal{C},\ H(C) = I(C) \leq I(\bigcup_{i\in L} C_i)$$

pour toute famille m-indexée $(C_i)_{i\in L}$ d'éléments de $\mathcal{C}$ qui recouvre C ; donc comme

$$I(\bigcup_{i\in L} C_i) = \sup_{i\in L} I(C_i) = \sup_{i\in L} H(C_i)$$

la condition est nécessaire.

2) La condition est suffisante : en effet on a

$$\forall\, C \in \mathcal{C}\ ,\ I(C) \leq H(C)$$

puisque C est un recouvrement de lui-même. Or, si pour tout recouvrement m-indexé de C par des éléments de $\mathcal{C}$ on a :

$$H(C) \leq \sup_{i\in L} H(C_i),$$

l'infimum pour tous les recouvrements m-indexés de C par des éléments de $\mathcal{C}$ est atteint et on a

$$\forall\, C \in \mathcal{C}\ ,\ I(C) = H(C).$$

Corollaire 1.

Si H est une précapacité forte de type m sur une classe $\mathcal{C}$ de parties de Ω stable pour l'opération $(\cap f)$, il existe une extension I de H à $\mathcal{P}(\Omega)$ qui est encore une précapacité forte de type m et on peut la construire à l'aide du théorème 1.

Définissons I par

$$\forall\, A \in \mathcal{P}(\Omega)\ ,\ I(A) = \inf_{\substack{C_i\in\mathcal{C} \\ \bigcup_{i\in L} C_i \supset A}} \ \sup_{i\in L} H(C_i)$$

et montrons que I est une extension de H à $\mathcal{P}(\Omega)$. Pour tout élément C de $\mathcal{C}$ et toute famille $(C_i)_{i\in L}$ m-indexée d'éléments de $\mathcal{C}$ qui recouvre C, on a

$$C = \bigcup_{i\in L} (C \cap C_i),$$

et pour tout $i \in L$, $C \cap C_i \in \mathcal{C}$ par hypothèse.

Donc, puisque H est une précapacité forte de type m sur $\mathcal{C}$

$$\forall\, C \in \mathcal{C}\ ,\ H(C) = \sup_{i\in L} H(C \cap C_i) \leq \sup_{i\in L} H(C_i)$$

On applique ensuite la proposition 1.

Remarquons enfin que si quel que soit $C \in \mathcal{C}$, il n'existe pas de recouvrement de C par une famille m-indexée $(C_i)_{i\in L}$ d'éléments de $\mathcal{C}$ distincts de C, toute fonction d'ensemble H, définie sur $\mathcal{C}$, à valeur dans $\bar{R}_+$, peut être prolongée à $\mathcal{P}(\Omega)$ par une précapacité forte de type m à l'aide de la proposition 1.

II - APPLICATION A LA THEORIE DE L'INFORMATION

A la méthode générale de construction de précapacités fortes de type m proposée au paragraphe précédent, correspond une méthode générale de construction de mesure d'information de type Inf-m sur $\mathcal{P}(\Omega)$.

Le choix des valeurs universelles,

$$J(\emptyset) = +\infty \quad \text{et} \quad J(\Omega) = 0,$$

nous conduit à renforcer quelque peu les hypothèses dans le cas des mesures d'information.

Proposition 2.-

Soient $\mathcal{C}$ une classe de parties de Ω, m un nombre transfini et H une fonction d'ensemble définie sur $\mathcal{C}$ à valeur dans $\bar{R}_+$ telle que

1) $\sup_{C\in\mathcal{C}} H(C) = +\infty$,

2) *pour tout recouvrement m-indexé $(C_i)_{i\in L}$ de Ω par des éléments de $\mathcal{C}$, on ait* $\inf_{i\in L} H(C_i) = 0$.

La fonction d'ensemble définie sur $\mathcal{P}(\Omega)$ par

$$\forall A \in \mathcal{P}(\Omega), \quad J(A) = \sup_{\substack{C_i \in \mathcal{C} \\ \bigcup_{i\in L} C_i \supset A}} \inf_{i\in L} H(C_i),$$

où le supremum est pris pour tous les recouvrements m-indexés de A par des éléments de $\mathcal{C}$, est une mesure d'information de type Inf-m sur $\mathcal{P}(\Omega)$.

Remarques :

1) La condition 1 est remplie si $\mathcal{C}$ est un pavage et si $H(\emptyset) = +\infty$. La condition 2 disparaît s'il n'y a pas de recouvrement m-indexé de Ω par des éléments de $\mathcal{C}$: dans ce cas on a $J(\Omega) = 0$ grâce à la convention habituelle qui consiste à poser $J(A) = 0$ s'il n'existe pas de recouvrement m-indexé de A par des éléments de $\mathcal{C}$.

Lorsque $\Omega \in \mathcal{C}$, la condition implique que H doit être nul pour l'ensemble Ω.

2) Dans le cas où on considère une mesure d'information de type Inf-c sur $\mathcal{P}(\Omega)$, la connaissance de la fonction génératrice Φ permet de calculer l'information de tout ensemble non vide,

$$J(A) = \inf_{\omega \in A} \Phi(\omega)$$

et c'est par convention, parce que Φ est à valeur dans $\bar{R}_+$, qu'on a posé $J(\emptyset) = +\infty$.

Si nous voulons obtenir J à l'aide de la proposition 2 nous sommes conduits à prendre pour $\mathcal{C}$ la classe des sous-ensembles $\{\omega\}$ à un seul élément et l'ensemble $\emptyset$. Définissant alors H par

$$\forall\, \omega \in \Omega\ ,\ H(\{\omega\}) = \Phi(\omega) \quad \text{et} \quad H(\emptyset) = +\infty,$$

la condition 1 est vérifiée ; la condition 2 résulte de la définition d'une fonction génératrice :

$$\inf_{\omega \in \Omega} \Phi(\omega) = 0,$$

et la méthode de construction donne

$$\forall\, A \in \mathcal{P}(\Omega),\ J(A) = \inf_{\omega \in A} \Phi(\omega).$$

<u>Proposition 3</u>.-

<u>Une condition nécessaire et suffisante, pour qu'une mesure d'information J de type Inf-m, construite à l'aide de la proposition 2 à partir d'une fonction d'ensemble H définie sur une classe $\mathcal{C}$ de parties de Ω, soit un prolongement de H à $\mathcal{P}(\Omega)$, est que</u>

1) $\sup_{C \in \mathcal{C}} H(C) = +\infty$,

2) <u>pour tout recouvrement m-indexé $(C_i)_{i \in L}$ d'un élément $C \in \mathcal{C}$ (resp. de Ω) on ait</u>

$$\inf_{i \in L} H(C_i) \leqslant H(C) \qquad (\text{resp.}\ \inf_{i \in L} H(C_i) = 0).$$

Les deux conditions supplémentaires imposées à H par rapport à la proposition 1 correspondent aux valeurs universelles imposées à J.

Corollaire 2.-

Si J est une mesure d'information de type Inf-m définie sur un pavage $\mathfrak{F}$ stable pour l'opération $(\cap f)$ et contenant Ω, on peut construire une extension de J à $\mathcal{P}(\Omega)$ qui est encore une mesure d'information de type Inf-m.

En effet $J(\emptyset) = +\infty$, $J(\Omega) = 0$, et la démonstration est semblable à celle du corollaire 1.

En fait, lorsque $\emptyset \notin \mathfrak{F}$, on peut encore énoncer un théorème d'extension en utilisant la remarque suivante : soient J une mesure d'information de type Inf-m sur $\mathfrak{F}$ et J' la mesure d'information de type Inf-m sur $\mathfrak{F}' = \mathfrak{F} \cup \{\emptyset\}$ définie par

$$\forall A \in \mathfrak{F} , \quad J(A) = J'(A)$$

et

$$J'(\emptyset) = +\infty.$$

D'après le corollaire 2 ci-dessus, J' possède une extension J_1 à $\mathcal{P}(\Omega)$ qui est du type Inf-m. Or

$$\forall A \in \mathfrak{F} , \; J_1(A) = J'(A) = J(A).$$

Corollaire 3.-

Si J est une mesure d'information de type Inf-m sur une classe $\mathcal{C}$ de parties de Ω qui contient Ω et qui est stable pour l'opération $(\cap f)$, on peut construire une extension de J à $\mathcal{P}(\Omega)$ qui est une mesure d'information de type Inf-m.

La stabilité de $\mathcal{C}$ pour l'opération $(\cap f)$ n'est pas nécessaire ; il suffit d'avoir :

$$\forall (A,B) \in \mathcal{C} \times \mathcal{C} , \; A \cap B \neq \emptyset \Rightarrow A \cap B \in \mathcal{C}.$$

Ce corollaire a déjà été énoncé, dans le cas de mesures d'information de type Inf-c, par J. Kampé de Fériet et P. Benvenuti dans [4].

Il n'y a pas de contradiction avec la condition nécessaire et suffisante énoncée dans la proposition 3, puisque le prolongement obtenu pour J dans le corollaire 3 ne correspond pas à celui qu'on obtiendrait par la proposition 2 avec J et $\mathcal{C}$, mais à celui construit à partir de J' et $\mathcal{C}'$:

$$\mathcal{C}' = \mathcal{C} \cup \{\emptyset\}$$

$$\forall A \in \mathcal{C}, \; J(A) = J'(A) \quad \text{et} \quad J'(\emptyset) = +\infty.$$

Il se trouve que la restriction à $\mathcal{C}$ du prolongement de J' de $\mathcal{C}'$ à $\mathcal{P}(\Omega)$ coïncide avec J et c'est ce qui nous permet d'énoncer le corollaire 3.

Exemple 1.-

Prenons $\Omega = \mathbb{R}$ et $\mathcal{C}$ la classe des parties de $\mathbb{R}$ formée de l'ensemble vide et des ensembles $\{\omega\}$ à un seul élément.

Posons $H(\emptyset) = +\infty$ et $H(\{\omega\}) = 1$ pour tout ω appartenant à $\mathbb{R}$. Pour $m = \aleph_0$, J, définie à l'aide de la proposition 2, prolonge H de $\mathcal{C}$ à $\mathcal{P}(\mathbb{R})$ et on a, en notant $\mathcal{N}_0$ le σ-idéal des parties au plus dénombrable de $\mathbb{R}$,

$$\begin{aligned} J(A) &= +\infty \quad \text{si } A = \emptyset \\ &= 1 \quad \text{si } A \neq \emptyset, \; A \in \mathcal{N}_0 \\ &= 0 \quad \text{si } A \notin \mathcal{N}_0 \end{aligned}$$

qui est une mesure d'information de type Inf-σ citée dans [4].

Exemple 2.-

Soit Ω un ensemble de cardinal strictement supérieur à $\aleph_0$. Soient f une application de Ω dans $\bar{\mathbb{R}}_+$, $\mathcal{C} = \{\emptyset\} \cup (\{\omega\})_{\omega\in\Omega}$ et H définie sur $\mathcal{C}$ par

$$H(\emptyset) = +\infty \quad \text{et} \quad H(\{\omega\}) = f(\omega) \quad \text{quel que soit } \omega \in \Omega.$$

On obtient une information de type Inf-σ sur $\mathcal{P}(\Omega)$, en prenant $m = \aleph_0$, qui est définie par

$$\begin{aligned} J(A) &= +\infty && \text{si } A = \emptyset \\ &= \inf_{\omega\in A} f(\omega) && \text{si } A \neq \emptyset, \text{ card } A \leq \aleph_0 \\ &= 0 && \text{si card } A > \aleph_0. \end{aligned}$$

On l'obtient de type Inf-c en prenant $m = \text{card } \Omega$; elle est alors définie par

$$J(A) = \inf_{\omega \in A} f(\omega)$$

si on impose $\inf_{\omega \in \Omega} f(\omega) = 0$ (condition 2 de la proposition 2).

Exemple 3.-

Soit $\mathcal{C}$ une partition dénombrable d'un ensemble Ω. Soient H une mesure d'information sur $\mathcal{C}$ et J la mesure d'information de type Inf-σ, qui prolonge H de $\mathcal{C}$ à $\mathcal{P}(\Omega)$, obtenue à l'aide des propositions 2 et 3 et de la remarque qui suit le corollaire 2.

On obtient

$$\forall A \in \mathcal{P}(\Omega), \quad J(A) = \inf_{\substack{C_i \in \mathcal{C} \\ C_i \cap A \neq \emptyset}} H(C_i) = \inf_{\substack{C_i \in \mathcal{C} \\ C_i \cap A \neq \emptyset}} J(C_i)$$

Cette mesure d'information se prête à l'interprétation suivante : soit Ω l'ensemble observé par un individu O. Supposons que O dispose d'un système de codage qui ne lui permette pas de distinguer les élèments ω appartenant à un même ensemble C_i, $(C_i)_{i \in \mathbb{N}}$ étant une partition de Ω.

L'information la plus sûre, mais la moins bonne, que O peut transmettre lorsqu'il observe ω dans $A \in \mathcal{P}(\Omega)$ consiste pour lui à signaler que $\omega \in \bigcup C_i$ où la réunion est prise pour tous les indices $i \in \mathbb{N}$ tels que $C_i \cap A \neq \emptyset$; c'est si le récepteur opère avec une mesure d'information de type Inf-σ, celle de l'exemple 3.

Références.-

[1] BOURBAKI N. : Théorie des ensembles ch. 3, Paris, Hermann (1956).

[2] DELLACHERIE C. : Capacités et processus stochastiques, Berlin Heidelberg, New-York, Springer (1972).

[3] KAMPE DE FERIET J, BENVENUTI P. : Sur une classe d'informations, C.R. Acad. Sc, Paris, 269, sér. A, 529-534, (1969).

[4] KAMPE DE FERIET J. : Colloques internationaux du C.N.R.S., Clermont-Ferrand, n°186, 1969, C.N.R.S. Paris 191-221 (1970).

[5] LANGRAND C, NGUYEN-TRUNG H. : Sur les mesures intérieures de l'information et les σ-précapacités. C.R. Acad. Sc. Paris, 275, sér. A, 927-930, (1972).

[6] LANGRAND C. : Constructions de m-précapacités, C.R. Acad. Sc. Paris, 275, sér. A, 1243-1246, (1972).

[7] MUNROE M.E. : Introduction to measure and integration, Reading Mass, U.S.A. Addison-Wesley (1953).

[8] ROGERS C.A. : Hausdorff measures, Cambridge Univ. Press (1970).

U.E.R. de Mathématiques Pures et Appliquées
Université des Sciences et Techniques de Lille
B.P. 36 -
59650 VILLENEUVE D'ASCQ.

INFORMATION GENERALISEE ET RELATION D'ORDRE

Joseph Losfeld

Université des Sciences et Techniques de Lille *

L'information généralisée, telle qu'elle est développée par J.KAMPE DE FERIET, B.FORTE, P.BENVENUTI et leurs collaborateurs, est définie dans [1] par un triplet que nous noterons $(\Omega,\mathcal{A},I)$ où Ω est un ensemble quelconque d'événements élémentaires ω , $\mathcal{A}$ une classe de parties de Ω et I une application de $\mathcal{A}$ dans $\bar{\mathbb{R}}^+$ dont l'une des propriétés essentielles est la monotonicité pour l'inclusion :

$$A,B \in \mathcal{A} \quad \text{et} \quad A \subseteq B \Rightarrow I(A) \geqslant I(B)$$

Pour développer les applications de cette théorie à l'analyse des données statistiques, nous avons successivement étudié l'information apportée par un groupe d'observateurs sur un même événement [3] , et les notions d'information et d'information moyenne sur les partitions [4] . Depuis, nous avons pris conscience que notre démarche consistait, dans les deux cas, à définir une notion "naturelle" d'information, et par une construction parfois artificielle, à placer cette information dans le cadre classique $(\Omega,\mathcal{A},I)$. Nous définissons intuitivement, chaque fois, l'information généralisée sur un ensemble partiellement ordonné E , comme une application J de E dans $\bar{\mathbb{R}}^+$, monotone pour la relation d'ordre $\preccurlyeq$ sur E ; par exemple :

$$x,y \in E \quad \text{et} \quad x \preccurlyeq y \Rightarrow J(x) \geq J(y)$$

Le lien avec le modèle traditionnel $(\Omega,\mathcal{A},I)$ est obtenu en

* I.U.T. Département Informatique, Cité Scientifique, Sac Postal N°5
59650 - Villeneuve d'Ascq , France

associant à chaque $x \in E$ une partie $\tilde{x}$ de E et en posant $I(\tilde{x}) = J(x)$ de telle manière que :

$$x \leqslant y \Leftrightarrow \tilde{x} \subseteq \tilde{y} \Rightarrow J(x) = I(\tilde{x}) \geq I(\tilde{y}) = J(y).$$

L'information généralisée apparaît ainsi comme une application d'un ensemble partiellement ordonné E dans l'ensemble totalement ordonné $\overline{\mathbb{R}}^+$ qui conserve l'ordre pour tous les couples ordonnés de E et qui permet de comparer les éléments qui ne l'étaient pas. L'information, en particulier, permet de prolonger une relation d'ordre partiel sur E en une relation d'ordre total. Notre approche est très voisine de celle de SALLANTIN [6] mais <u>l'espace E de définition de l'information généralisée que nous proposons est seulement un treillis</u>; les hypothèses supplémentaires de [6] ne nous semblent pas indispensables pour définir la théorie de l'information dans toute sa généralité.

Au lieu de définir l'information généralisée sur un événement et, de manière distincte, les informations sur des expériences, des partitions, des recouvrements, des éléments d'un treillis ... par des axiomes formellement différents mais intuitivement équivalents, nous essayons de présenter l'information généralisée dans un cadre plus souple et mieux adapté aux applications envisagées. Dans cette communication, nous montrons que l'un des domaines privilégiés de définition d'une information généralisée est le treillis et que la nouvelle définition de l'information généralisée ainsi proposée est équivalente à la définition classique. Nous présentons des exemples où cette définition est intuitivement plus satisfaisante et plus riche de possibilités. En particulier, avec le formalisme classique, nous n'avions pas réussi à définir l'information apportée par le recouvrement d'un ensemble $A \in \mathcal{A}$ et dans [4] nous avons dû nous restreindre à l'étude des partitions et des quasi-partitions; cette nouvelle approche nous permet de généraliser simplement ces résultats, avec un formalisme beaucoup plus satisfaisant, à des recouvrements quelconques d'un ensemble. Enfin , une conséquence naturelle de notre travail est le fait que les mesures et les probabilités sur $(\Omega,\mathcal{A})$ peuvent être considérées comme des informations généralisées vérifiant des hypothèses particulières.

1 - INFORMATION GENERALISEE SUR UN TREILLIS

Dans ce texte, nous noterons I l'information généralisée sur $(\Omega,\mathcal{A})$ telle qu'elle est définie par J.KAMPE DE FERIET dans [1]. Dans le paragraphe 1.1. nous supposerons simplement que I est une application de $\mathcal{A}$, classe de parties de Ω, dans $\overline{\mathbb{R}}^+$, non croissante pour l'inclusion.

1.1. Monotonicité de l'information.

1.1.1. Soit E un ensemble quelconque muni d'une relation d'ordre partiel (réflexive, transitive, antisymétrique), notée $\preccurlyeq$. Soit J une application de E dans $\overline{\mathbb{R}}^+$ monotone pour la relation d'ordre, l'application J permet de définir une information généralisée I sur un ensemble $\mathcal{C}$ de parties de E convenablement choisi.

Supposons que l'application monotone J est non croissante :

$$x,y \in E \quad \text{et} \quad x \preccurlyeq y \Rightarrow J(x) \geqslant J(y)$$

et définissons, pour tous les éléments x de E, la section commençante de base x : $\tilde{x} = \{y \in E | y \preccurlyeq x\}$; c'est-à-dire l'ensemble des éléments de E plus "petits" que x. Soit $\mathcal{C}$ la classe de parties de E formée des éléments de la forme $\tilde{x}$: $\mathcal{C} = \{\tilde{x} | x \in E\}$. Posons, pour tout $x \in E$: $I(\tilde{x}) = J(x)$; il est clair que I définit une information généralisée sur l'espace $(E,\mathcal{C})$ car, pour tout couple $(x,y) \in E^2$: $x \preccurlyeq y$ est équivalent à $\tilde{x} \subseteq \tilde{y}$ et

$$\tilde{x},\tilde{y} \in \mathcal{C} \quad \text{et} \quad \tilde{x} \subseteq \tilde{y} \Rightarrow I(\tilde{x}) \geqslant I(\tilde{y})$$

Pour passer de J définie sur E, à I définie sur $\mathcal{C}$ nous avons donc réalisé un isomorphisme entre les ensembles ordonnés $(E,\preccurlyeq)$ et $(\mathcal{C},\subseteq)$.

Inversement, si I est une information généralisée définie sur $(\Omega,\mathcal{A})$ en posant $E = \mathcal{A}$ et en supposant que la relation d'ordre $\preccurlyeq$ est l'inclusion $\subseteq$, on définit l'application J de E dans $\overline{R}^{+}$, monotone pour la relation d'ordre par : $J(A) = I(A)$ pour tout $A \in \mathcal{A}$.

Notons que dans ce cas $\mathcal{C}$ serait le sous-ensemble de $\mathcal{P}(\mathcal{A})$ composé des éléments de la forme $\tilde{A} = \{B \in \mathcal{A} \mid B \subseteq A\}$ pour $A \in \mathcal{A}$, isomorphe à $\mathcal{A}$ pour l'inclusion.

On obtient, par dualité, les mêmes résultats quand J est non décroissante en définissant $\mathcal{C}$ comme l'ensemble des sections finissantes $\tilde{x}$ de base x : $\tilde{x} = \{y \in E \mid x \preccurlyeq y\}$. Pour faciliter les notations et nous rapprocher du symbolisme traditionnel, nous supposerons toujours dans la suite que J est non croissante pour la relation d'ordre $\preccurlyeq$ sur E . (Cf. §1.6)

Ce résultat nous montre que l'on peut toujours définir un isomorphisme entre les ensembles ordonnés $(E,\preccurlyeq)$ et $(\mathcal{A},\subseteq)$ ce qui rend équivalentes les deux définitions de l'information généralisée. Dans le texte, nous noterons information I ou information J respectivement la définition classique ou la nouvelle définition proposée en 1.1.1.

1.2. Valeurs universelles

S'il existe, pour la relation d'ordre sur E , un plus petit élément ou minorant universel m et un plus grand élément ou majorant unviversel M, on peut poser $J(m) = +\infty$ et $J(M) = 0$ ce qui correspond à la convention habituelle quand $\emptyset$ et Ω appartiennent à $\mathcal{A}$: $I(\emptyset) = +\infty$ et $I(\Omega) = 0$.

1.3. Indépendance

Deux événements A et B de $\mathcal{A}$ sont indépendants pour l'information I si $I(A \cap B) = I(A) + I(B)$ quand $A \cap B \in \mathcal{A}$. Sur $(E,\mathcal{C})$ cette définition s'écrit $I(\tilde{x} \cap \tilde{y}) = I(\tilde{x}) + I(\tilde{y})$ si $\tilde{x} \cap \tilde{y} \in \mathcal{C}$, c'est-à-dire s'il existe $z \in E$ tel que $\tilde{z} = \tilde{x} \cap \tilde{y}$. Il est clair que l'élément $z \in E$ est la borne inférieure (infimum) de x et y notée $x \wedge y$ quand il existe.

<u>Deux éléments</u> x <u>et</u> y <u>de</u> E <u>sont indépendants pour l'information</u> J <u>si</u> x <u>et</u> y <u>admettent un infimum et que</u> :

$$J(x \wedge y) = J(x) + J(y)$$

Comme $x \wedge M = x$ et $x \wedge m = m$, le choix des valeurs universelles proposé en 1.2. implique, a priori, l'indépendance de M et m avec tout $x \in E$ car :

$$J(x \wedge M) = J(x) + J(M)$$

$$J(x \wedge m) = J(x) + J(m)$$

De même que l'on se restreint en général aux classes $\mathcal{A}$ de parties de Ω fermées pour l'intersection finie, nous supposerons naturellement que E <u>est un inf-demi-treillis</u> quand nous utiliserons les notions d'indépendance et d'information conditionnelle.

Etant donnée une famille quelconque $\{E_i | i \in K\}$ de sous-treillis (ou simplement de sous-inf-demi-treillis) de E, nous dirons que <u>les sous treillis</u> $\{E_i | i \in K\}$ <u>sont indépendants pour l'information</u> J <u>définie sur</u> E <u>si, pour toute famille finie d'indices</u> $K_o \subset K$, <u>ils vérifient la condition</u> :

$$J(\bigwedge_{i \in K_o} x_i) = \sum_{i \in K_o} J(x_i)$$

<u>quels que soient les éléments</u> $x_i \in E_i$.

Pour construire l'information J nous supposerons le plus souvent que les sous-treillis $\{E_i | i \in K\}$ sont indépendants au sens suivant : pour toute famille finie d'indices $K_o \subset K$, pour tout choix de $x_i \in E_i$, $x_i \neq m_i$ (m_i minorant universel de E_i s'il existe) $\bigwedge_{i \in K_o} x_i \neq m$, cette hypothèse qui est vérifiée en particulier dans le cas des treillis produits, est équivalente à la M-indépendance des algèbres utilisées dans [1] .

1.4. Information conditionnelle.

On définit naturellement l'information conditionnelle fournie par l'élément x de l'inf-demi-treillis E connaissant l'élément $y \in E$ par :

$$J(x/y) = J(x \wedge y) - J(y) \quad \text{si} \quad J(y) < +\infty$$
$$J(x/y) = J(x) \quad \text{si} \quad J(y) = +\infty$$

Cette dernière convention proposée en [5] rend équivalentes, pour tout couple $(x,y) \in E^2$, les deux propositions :

" x est indépendant de y " et " $J(x/y) = J(x)$ "

1.5. Loi de composition.

Une information I sur $(\Omega,\mathcal{A})$ est composable s'il existe une application F de $\bar{\mathbb{R}}^+ \times \bar{\mathbb{R}}^+$ et si, pour tout $(A,B) \in \mathcal{A} \times \mathcal{A}$ tel que $A \cap B = \emptyset$ et $A \cup B \in \mathcal{A}$, on a :

$$I(A \cup B) = F(I(A) , I(B))$$

Sur $(E,\mathcal{C})$, $\tilde{x} \cup \tilde{y} \in \mathcal{C}$ signifie qu'il existe une borne supérieure (supremum) pour x et y , notée $z = x \vee y$, telle que $\tilde{z} = \tilde{x} \cup \tilde{y}$. Nous dirons donc que l'information J sur le sup-demi-treillis E , possédant un minorant universel m , est composable s'il existe une application F de $\bar{\mathbb{R}}^+ \times \bar{\mathbb{R}}^+$ dans $\bar{\mathbb{R}}^+$ telle que :

$$J(x \vee y) = F(J(x) , J(y))$$

pour tout couple $(x,y) \in E^2$ tel que $x \wedge y = m$.

1.6. Remarque importante.

La convention que nous utilisons : J non croissante pour

la relation $\preccurlyeq$ sur E (ou J' non décroissante pour la relation converse $\preccurlyeq'$) masque les rôles symétriques joués par l'infimum et le supremum. En effet, si nous supposons J non décroissante pour $\preccurlyeq$ (ou J' non croissante pour $\preccurlyeq'$) nous établissons une dualité qu'il conviendrait d'approfondir entre loi de composition et indépendance.

1.7. Conclusions provisoires.

Pour employer simultanément les propriétés de 1.1., 1.3., 1.4., 1.5., il est évidemment commode de supposer que l'ensemble E est un treillis ($x \wedge y$ et $x \vee y$ existent pour tout couple $(x,y) \in E^2$). De plus , l'application J est à valeurs dans $\overline{\mathbb{R}}^+$ mais on pourrait sans difficulté remplacer $\overline{\mathbb{R}}^+$ par $\overline{\mathbb{R}}$ ou par un sous-ensemble quelconque de $\overline{\mathbb{R}}$. Notons que, si l'on désire a priori que les minorant et majorant universels soient indépendants de tous les éléments de E , il est indispensable de supposer que J est à valeurs dans $\overline{\mathbb{R}}^+$ pour pouvoir utiliser les conventions du paragraphe 1.2. On pourrait aussi remplacer $\overline{\mathbb{R}}^+$ par un ensemble ordonné quelconque G , la principale difficulté serait alors de définir judicieusement l'opération de composition interne de G notée + , qui est utilisée dans la définition de l'indépendance et l'information conditionnelle.

Il nous paraît indispensable de reprendre tous les résultats importants développés en information généralisée pour définir à chaque fois l'espace de définition E exactement utilisé. Par exemple, si certaines propriétés de l'information de type Inf. se démontrent sans difficultés dans un treillis, dans d'autres cas il faut supposer que celui-ci est σ-complet , complet ou complémenté. Mais notre but est d'abord de définir un outil concrètement utilisable , c'est pourquoi nous ne développerons pas dans la suite de ce texte ce travail de synthèse théorique, mais nous allons nous attacher à montrer que cette nouvelle approche nous ouvre aussi des perspectives intéressantes pour les applications.

2 - APPLICATIONS. *En collaboration avec G.COMYN*

2.1. Information apportée par un groupe d'observateurs sur un événement.

Soient Ω un ensemble quelconque d'événements ω et $\mathcal{O}$ un ensemble quelconque d'observateurs ξ , $\mathcal{A}$ (respectivement $\mathcal{B}$) une σ-algèbre de parties de Ω (resp. $\mathcal{O}$) . Dans [3] nous avons défini sur $(\Omega \times \mathcal{O}, \mathcal{A} \times \mathcal{B})$ une application $J : \mathcal{A} \times \mathcal{B} \to \overline{\mathbb{R}}^+$ telle que pour tout ensemble $B \in \mathcal{B}$ fixé d'observateurs, $J(\cdot \times B)$ est une information généralisée I sur $(\Omega, \mathcal{A})$ et pour tout événement $A \in \mathcal{A}$ fixé, $J(A \times \cdot)$ est une fonction croissante pour l'inclusion. Nous interprétons $J(A \times B)$ comme l'information apportée par un groupe d'observateurs B lors de la réalisation d'un événement quelconque ω de l'ensemble A . Cette quantité est d'autant plus grande que le groupe d'observateurs B est important et/ou que l'ensemble A est réduit:

$$\left.\begin{array}{lll} A_1, A_2 \in \mathcal{A} & \text{et} & A_1 \subseteq A_2 \\ \\ B_1, B_2 \in \mathcal{B} & \text{et} & B_1 \supseteq B_2 \end{array}\right] \Rightarrow J(A_1 \times B_1) \geqslant J(A_2 \times B_2)$$

Il est clair maintenant que les définitions que nous avions posées axiomatiquement dans [3] ne sont que des conséquences immédiates de la définition de J comme une information sur l'ensemble $\mathcal{A} \times \mathcal{B}$ considéré comme un treillis pour la relation d'ordre produit des relations d'ordre $\subseteq$ sur $\mathcal{A}$ et $\supseteq$ sur $\mathcal{B}$.

Rappelons que cette notion nous permet par exemple de définir et de comparer les informations apportées sur le <u>même</u> groupe $A \in \mathcal{A}$ de personnes en disant : "Ce sont des <u>hommes</u>" ou "Ce sont des <u>hommes mariés</u>" ou "Ce sont des <u>hommes mariés de 25 à 30 ans</u>".

2.2. Exemple d'information sur un ensemble ordonné.

Montrons sur un exemple pourquoi nous sommes amenés à généraliser les notions d'information et d'information moyenne sur une partition.

2.2.1. L'arbre qui suit est le diagramme d'une relation d'ordre sur l'ensemble des sommets. On peut l'interpréter comme une méthode de diagnostic permettant de caractériser l'ensemble des maladies $M = \{m_1, m_2, m_3, m_4, m_5\}$ à l'aide des tests $T = \{t_1, t_2, t_3, t_4\}$

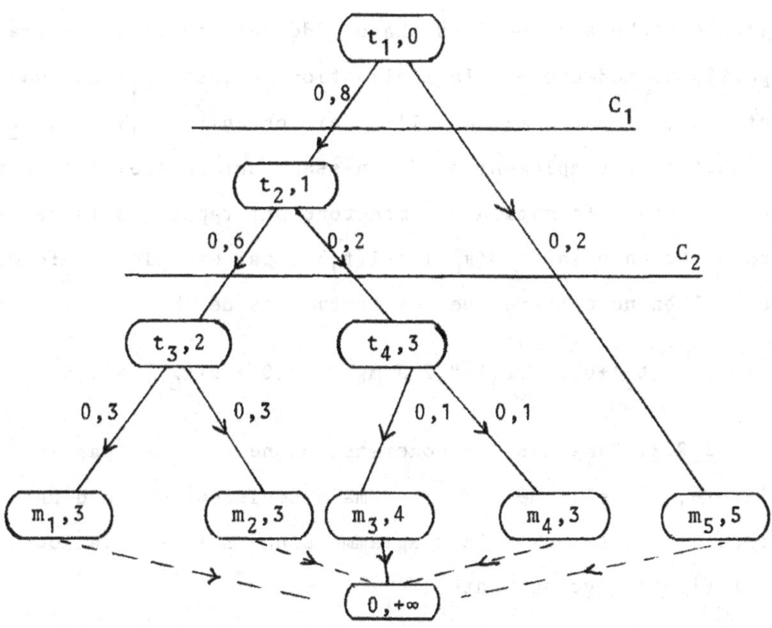

Il est clair que cet arbre définit sur l'ensemble des points de $M \cup T \cup \{0\}$ une structure de treillis; on peut donc définir pour chaque sommet du graphe la valeur de l'information, par exemple celle indiquée à côté du nom du sommet : $(t_4, 3) \Rightarrow J(t_4) = 3$. Nous avons de plus associé à chaque arc la fréquence de la réponse qu'il représente.

L'ensemble T peut s'interpréter comme un sous-ensemble de

$\mathfrak{P}(M)$ en associant à chaque $t \in T$ l'ensemble de ses successeurs dans M .

Exemple : $t_2 \to \{m_1,m_2,m_3,m_4\}$.

Aux deux coupes C_1 et C_2 de l'arbre correspondant deux partitions des sommets de M : $\pi_{C_1} = \{\{m_1,m_2,m_3,m_4\},\{m_5\}\}$

$$\pi_{C_2} = \{\{m_1,m_2\},\{m_3,m_4\},\{m_5\}\}$$

π_{C_2} est dite "plus fine" que π_{C_1} suivant une terminologie classique ([2],[4]).

Si l'on cherche à associer à chacune de ces coupes l'information I apportée au médecin par la réalisation du test t_1 ou des tests t_1 et t_2 , il est clair que l'on doit obtenir $I(t_1)<I(t_1,t_2)$, ce qui se traduit très simplement en définissant sur le treillis des partitions de M une information H monotone par rapport à la relation de finesse, et en posant $H(\pi_{C_1}) = I(t_1)$; par exemple l'information moyenne si l'on ne compare que des partitions de M .

$$H(\pi_{C_2}) = 0,6\ J(t_3)+0,2\ J(t_4)+0,2\ J(m_5) = 2,8 > H(\pi_{C_1}) = 1,8$$

2.2.2. Dans les cas concrets, on ne retrouve pas la structure d'arbre, ni celle de treillis, mais seulement celle d'un réseau sans circuit, c'est-à-dire le diagramme d'une simple relation d'ordre. (voir figure page suivante).

Parallèlement à ce qui a été fait en 2.2.1. , associons aux coupes C_1 et C_2 les recouvrements de M :

$$R_{C_1} = \{M,\{m_4\}\} \qquad R_{C_2} = \{\{m_1,m_2\},\{m_1,m_2,m_3\},\{m_4\}\}$$

Comme précédemment, nous voulons obtenir $I(t_1) < I(t_1,t_2)$ ce que nous allons retrouver en définissant sur l'ensemble des recouvrements de M , en particulier sur les éléments de $\mathfrak{P}(\mathfrak{P}(M))$, une information H pour la relation d'ordre $\succ$ vérifiant : $\{M\} \succ R_{C_1} \succ R_{C_2}$, et

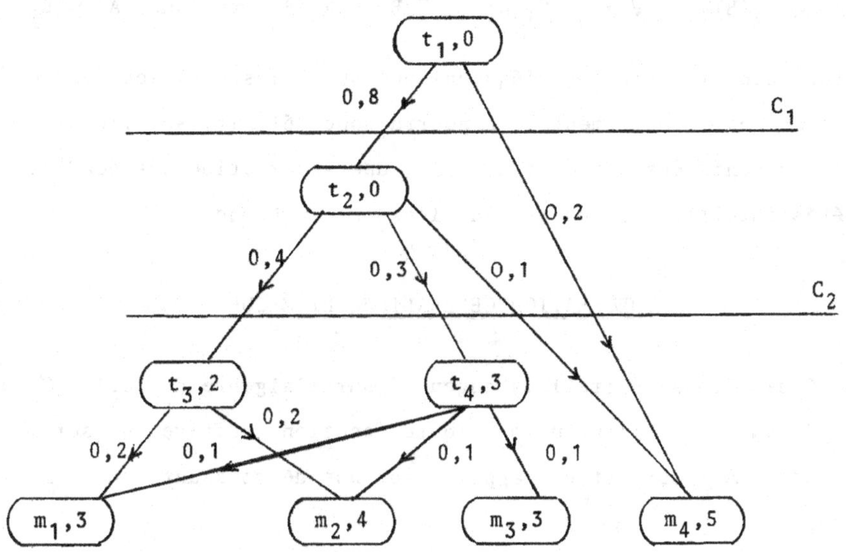

par exemple une information moyenne donnera les résultats suivants:

$$H(R_{C_2}) = 0{,}4\ J(t_3) + 0{,}3\ J(t_4) + (0{,}1+0{,}2)\ J(m_4)$$

$$H(R_{C_2}) = 3{,}2 \geqslant H(R_{C_1}) = 1 .$$

Il est à noter que ces calculs n'ont de sens que pour des coupes particulières qu'il n'est pas utile de définir en toute rigueur dans cet exemple.

2.3. Notion d'information sur les recouvrements.

Les q-partitions que nous avons introduites dans [4] s'avèrent encore insuffisantes pour décrire la structure de R_{C_1} et celle de R_{C_2} .

Notons $R_1(A) = \{A_i \in \mathcal{A} | i \in K\}$ le recouvrement "exact" d'un ensemble A de $\mathcal{A}$: $\bigcup_{i \in K} A_i = A$.

L'ensemble de tels recouvrements peut être muni d'une relation d'ordre définie à partir de la relation de pré-ordre :

$$R_1(A) \preccurlyeq R_2(B) \Leftrightarrow \forall A_i \in R_1(A) \ , \ \exists B_j \in R_2(B) \ \text{tel que} \ A_i \subseteq B_j$$

complétée, dans les classes d'équivalence qui lui sont associées, par l'inclusion des recouvrements. On pourra donc définir, sur l'ensemble des recouvrements des éléments de $\mathcal{A}$, une information possédant les propriétés intuitives exposées dans l'exemple précédent.

3 - INFORMATION GENERALISEE ET MESURE.

Considérons le treillis engendré sur l'algèbre de Boole $\mathcal{A}$ de parties de Ω , par l'inclusion. Toute fonction additive μ sur $\mathcal{A}$ à valeurs dans $\overline{\mathbb{R}}^+$ définit une application non décroissante sur $(\mathcal{A},\subseteq)$ telle que :

$$\mu(m) = \mu(\emptyset) \quad \text{et} \quad \mu(M) = \mu(\Omega)$$

$$(1) \quad \mu(A \cup B) = \mu(A) + \mu(B) \quad \text{si} \quad A \cap B = \emptyset$$

Toute fonction additive (en particulier toute mesure) est donc une information telle que tous les couples d'éléments $(A,B) \in \mathcal{A} \times \mathcal{A}$ et $A \cap B = \emptyset$ sont indépendants en information.

Cette remarque et celle du paragraphe 1.6. nous amènent à penser qu'il convient de réétudier en détail les rôles respectifs joués par l'infimum, le supremum, l'indépendance et la loi de composition.

Références :

[1] J.KAMPE DE FERIET - Mesure de l'information fournie par un événement, Colloques Internationaux du C.N.R.S.(1969) Editions C.N.R.S., (1970), 191-221.

[2] B.FORTE, N.PINTACUDA - Information fournie par une expérience, C.R. Acad. Sci. Paris, 266A (1968), 242-245.

[3] G.COMYN, J.LOSFELD - Application de l'information généralisée à l'analyse des données statistiques, C.R.Acad. Sci. Paris, 276A (1973), 1075-1078.

[4] G.COMYN, J.LOSFELD - Information généralisée sur une quasi-partition et information moyenne, C.R. Acad. Sci. Paris, série A,(Mai 1973) (à paraître).

[5] J.LOSFELD - Information moyenne dans une épreuve statistique, C.R. Acad. Sci. Paris, 275A (1972), 509-512.

[6] J.SALLANTIN - Information, systèmes de propositions et logique de la mécanique quantique, Thèse de 3° Cycle, Paris VI, Juin 1972.
C.R. Acad. Sci.Paris, 274A (1972), 986.
C.R. Acad. Sci. Paris, 275A (1972), 65.

SUR LES MESURES D'INFORMATION DE TYPE Inf.

NGUYEN-TRUNG HUNG

In this paper, we try to study Information measures in the sense of J. Kampé de Fériet and B. Forte, especially the Information measures of type Inf. Taking the notion of entry time of multi-applications in an event as a starting point, we develope the connection between Information measures and others set functions, such as outer measures, capacities, Hausdorff dimension...

Pour tout ce qui touche à la théorie de l'Information généralisée, nous renvoyons le lecteur à l'exposé de J. Kampé de Fériet (4).

L'étude approfondie des mesures d'information de type Inf a fait l'objet de nombreuses recherches pendant ces dernières années, ici, nous étudions quelques méthodes de construction de telles mesures en partant de la notion de temps d'entrée d'une trajectoire multivoque, et en exploitant la liaison entre Informations de type Inf et d'autres fonctions d'ensemble connues.

I-REPRESENTATION DES MESURES D'INFORMATION DE TYPE Inf PAR TEMPS D'ENTREE.

Dans toute la suite, Ω est un ensemble non vide, représentant l'ensemble des évènements élémentaires.

1°) Soit X une application univoque : $\bar{R}^+ \to \Omega$.

Rappelons que le temps d'entrée de la trajectoire X dans un ensemble $A \subset \Omega$, est :

$$\tau(A) = \text{Inf}\{t \geq 0, X_t \in A\} \quad (\text{Inf } \emptyset = +\infty).$$

L'application X étant donnée, si nous considérons la fonction d'ensemble J, définie sur $P(\Omega)$, par :

$$J(A) = \tau(A)$$

il est facile de voir que J est une mesure d'information de type Inf-C, c'est-à-dire, J vérifie :

a) $J : P(\Omega) \to \overline{R^+}$, $J(\emptyset) = +\infty$, $J(\Omega) = 0$.

b) $A \subset B \Rightarrow J(A) \geq J(B)$.

c) $\forall (A_k)_{k \in K}$ avec $\mathrm{card}(K) \leq \mathrm{card}(\Omega) \Rightarrow J(\bigcup_K A_k) = \inf_K J(A_k)$.

Nous interprétons cette remarque de la façon suivante :

Soit $(\Omega, \mathcal{S}, I, X)$ un ensemble d'épreuves (5), défini par : un ensemble Ω d'évènements élémentaires, une σ-algèbre $\mathcal{S}$ d'évènements observables dans Ω, un ensemble d'indices I, chaque $i \in I$ correspondant à une épreuve, une application $X : I \to \Omega$ définissant le résultat des épreuves.

Prenons $I = R^+$ et posons :

$$\hat{\Omega} = \Omega \times R^+, \ \hat{\mathcal{S}} \supset \mathcal{S} \times X^{-1}(\mathcal{S})$$

$$\hat{E} = \{(w,t) : w = X_t, \ t \in R^+\}$$

$$\hat{E}(A) = \{(w,t) : w = X_t \in A\} \subset \hat{E}$$

$$I(A) = X^{-1}(A).$$

<u>Définition 1.- Soit $\hat{J}$ une mesure d'information sur $\hat{\mathcal{S}}$ telle que $\hat{J}(\hat{E}) \leq +\infty$. On appelle Information $J(A)$ fournie par les réalisations de A au cours de l'ensemble d'épreuves $\varepsilon(\Omega, \mathcal{S}, R^+, X)$ l'information conditionnelle de $\hat{E}(A)$ par rapport à $\hat{E}$, c'est-à-dire</u> :

$$J(A) = \hat{J}(\hat{E}(A)/\hat{E}) = \hat{J}(\hat{E}(A)) - \hat{J}(\hat{E}).$$

<u>Proposition 1.- Si la mesure d'Information $\hat{J}$ sur $\hat{\Omega} = \Omega \times R^+$ dérive de la fonction génératrice $\hat{\Phi}(\hat{w}) = \hat{\Phi}(w,t) = \psi(t) = t$ $(\hat{J}(\hat{E}) = 0)$, alors l'information $J(A)$ est de type Inf-C et égale au temps d'entrée de la trajectoire X dans A.</u>

<u>Preuve</u> : Définissons les mesures d'information J_1 sur Ω, et J_2 sur R^+ par :

$$J_1(A) = \hat{J}(A \times R^+ | \hat{E}) = \hat{J}[(A \times R^+) \cap \hat{E}] - \hat{J}(\hat{E})$$

$$J_2(B) = \hat{J}(\Omega \times B | \hat{E}) = \hat{J}[(\Omega \times B) \cap \hat{E}] - \hat{J}(\hat{E}).$$

Comme $\hat{E}(A) = (A \times R^+) \cap \hat{E} = [\Omega \times I(A)] \cap \hat{E}$ il s'ensuit que :

$$J(A) = J_1(A) = J_2(I(A)).$$

Par suite : $J(A) = \operatorname{Inf}_{t \in I(A)} \psi(t) = \operatorname{Inf} \{t, t \in I(A)\}$ elle est de type Inf-C car elle dérive de la fonction génératrice $\psi(w) = \operatorname{Inf}\{t, t \in X^{-1}(w)\}$, et il est clair que $J(A) = \tau(A)$.

2°) Notons qu'une mesure d'information de type Inf-C sur $P(\Omega)$ n'est pas toujours un temps d'entrée. Par contre, une telle mesure est toujours un temps d'entrée d'une application multivoque. Pour le voir, commençons par étendre la notion de temp s d'entrée aux applications multivoques.

<u>Définition 2.- Soit $X : \bar{R}^+ \to P(\Omega)$. On appelle temps d'entrée de X dans $A \subset \Omega$ la quantité</u> :

$$\tau(A) = \operatorname{Sup}\{t \geq 0, \ (\bigcup_{0 \leq s \leq t} X_s) \cap A = \emptyset\}$$

(sup $\emptyset = 0$).

<u>Proposition 2.- Pour qu'une mesure d'Information sur $P(\Omega)$ soit un temps d'entrée, il faut et il suffit qu'elle soit de type Inf-C.</u>

<u>Preuve</u>.- La nécessité est évidente. Si J est de type Inf-C, sur $P(\Omega)$, soit ψ sa fonction génératrice, alors J est le temps d'entrée de l'application multivoque

$$X : t \to \{\psi < t\}.$$

<u>Remarque</u>.- L'application $t \to E_t$ est croissante, d'autre part, si n est la mesure de comptage des points, $n(A) = 0 \Longleftrightarrow A = \emptyset$, le temps d'entrée ci-dessus défini peut être généralisé comme suit :

<u>Définition 3.- Soient M une mesure extérieure sur Ω, et $t \xrightarrow{E} E_t : R^+ \to P(\Omega)$ une application multivoque croissante (i.e. $t \leq t' \Rightarrow E_t \subset E_{t'}$), on appelle M-temps d'entrée de E dans $A \_ \Omega$ la quantité</u> :

$$\tau(A|M) = \operatorname{Sup}\{t \geq 0, \ M(A \cap E_t) = 0\}.$$

(Sup $\emptyset = 0$).

Cette remarque conduit au problème de construction des mesures d'information de type Inf à partir des mesures extérieures.

II-MESURES EXTERIEURES ET INFORMATION DE TYPE INF.

Commençons par donner une méthode de construction des mesures d'information de type Inf-m où m est un nombre transfini quelconque (6).

De nouveau, Ω est un ensemble non vide, S une m_0-algèbre de parties de Ω, et $m_0 \leq \mathrm{Card}(\Omega)$.

Considérons l'application : $H : \bar{R}^+ \times S \to \bar{R}^+$ vérifiant :

1) $A \to H_t(A)$ est croissante pour tout $t \in \bar{R}^+$

2) $\forall t \in \bar{R}^+$, $H_t(\emptyset) = 0$ et $H_t(\Omega) > 0$

3) Si $H_t(A) = 0$, alors $H_s(A) = 0$ pour tout $s < t$.

4) $\forall I$ tel que $\mathrm{Card}(I) \leq m \leq m_0$, on a :

$$\sup_{i\in I} H_t(A_i) = 0 \Rightarrow H_t(\bigcup_I A_i) = 0, \quad \forall t \in \bar{R}^+$$

<u>Théorème 1.- Sous les hypothèses ci-dessus, la fonction d'ensemble J, définie sur S , par :</u>

$$J(A) = \mathrm{Sup}\{t \geq 0, H_t(A) = 0\}$$

<u>($\sup \emptyset = 0$). est une mesure d'information de type Inf-m.</u>

Cette assertion découle du fait que la famille $J_t = \{A, A \in S, H_t(A) = 0\}$ est une famille de m-idéaux ($s < t \Rightarrow J_t \subset J_s$), donc J est de type Inf-m (7).

<u>Exemple</u>.- Soit $f : R^+ \times \Omega \to R^+$ telle que :

a) $\sup_{\omega\in\Omega} f(t,\omega) > 0, \quad t \in R^+$

b) $t \to f(t,\omega)$ est croissante, pour tout $\omega \in \Omega$. Pour $A \subset \Omega$, on note f_A la restriction de f à $R^+ \times A$. La projection de f sur R^+ est définie par :

$$\Pi f(t) = \sup_{\omega\in\Omega} f(t,\omega).$$

Posons $H_t(A) = \Pi f_A(t)$.

La mesure d'information définie par :

$$J(A) = \mathrm{Sup}\{t \geq 0, \Pi f_A(t) = 0\}$$

est de type Inf-C.

Corollaire 1.- Etant donné une famille croissante de mesures extérieures $(M_t)_{t\varepsilon R^+}$ telle que $M_0(\Omega) > 0$, la fonction d'ensemble $J(A) = \mathrm{Sup}\{t \geq 0, M_t(A) = 0\}$ est une mesure d'information de type Inf-σ.

Cela tient simplement au fait que l'application $(t,A) \to M_t(A)$ vérifie les hypothèses du théorème 1 avec $m = \sigma$ (puissance du dénombrable).

Remarque.- Plus généralement, J est encore de type Inf-σ si l'on remplace l'application $(t,A) \to M_t(A)$ par $(t,A) \to H_t(A) = 1/_{J_t^*(A)}$ où $(J_t^*)_{t\varepsilon R^*}$ est une famille décroissante de mesures d'information F_t-σ-sous-composables (10) c'est-à-dire :

a) $J_t^+ : P(\Omega) \to \bar{R}^+$, $J_t^*(\emptyset) = +\infty$, $J_t^*(\Omega) = 0$

b) $B \subset A \Rightarrow J_t^*(B) \geq J_t^*(A)$.

c) $J_t^*(\bigcup_n A_n) \geq F_{t,\infty}[J_t^*(A_1),\ldots,J_t^*(A_n),\ldots]$

Notons, à ce propos, que si M est une mesure extérieure, alors $J(A) = \frac{1}{M(A)}$ est F-σ-sous composable où F est l'opération hyperbolique :

$$F(x,y) = \frac{1}{1/x + 1/y}$$

Corollaire 2.- Soient M une mesure extérieure sur Ω, et $X : R^+ \to P(\Omega)$ une application multivoque croissante, alors le M-temps d'entrée de X est une mesure d'information de type Inf-σ.

En effet, il suffit de considérer l'application :

$$(t,A) \to H_t(A) = M(A \cap X_t).$$

III-CAPACITES ET MESURES D'INFORMATION.

Soient Ω un ensemble non vide, F une classe de parties de Ω, contenant $\emptyset$, stable par réunion et intersection finies. Rappelons qu'une F-capacité est une fonction d'ensemble I telle que :

α) $I : P(\Omega) \to \bar{R}^+$, $I(\emptyset) = 0$, I croissante.

β) $\forall$ la suite croissante $A_n \in P(\Omega)$: $I(\bigcup_n A_n) = \operatorname{Sup}_n I(A_n)$

γ) $\forall$ la suite décroissante $K_n \in F$: $I(\bigcap_n K_n) = \operatorname{Inf}_n I(K_n)$.

Si I ne vérifie que α) et β), I s'appelle une précapacité (3).

Le lien entre les mesures d'information de type Inf et les capacités de Choquet a pour origine dans le résultat suivant (8) :

Soient Ω un espace topologique séparé, $\Phi : \Omega \to R^+$ semi-continue inférieurement $(\operatorname{Inf}_\Omega \Phi(\omega) = 0)$, définissons une mesure d'information J sur $P(\Omega)$ par :

$$J(A) = \operatorname{Inf}_A \Phi(\omega)$$

Alors $1/J$ est une capacité de Choquet.

En fait c'est une capacité bien particulière, à savoir qu'elle vérifie la propriété suivante, plus forte que β) :

Posons $I = 1/J$, pour toute famille $(A_k)_{k \in K}$ avec $\operatorname{Card}(K) \leq \operatorname{Card}(\Omega)$, on a :

$$I(\bigcup_K A_k) = \operatorname{Sup}_K I(A_k).$$

Soit alors m un nombre transfini quelconque, par dualité avec la classification des mesures d'information de type Inf, on dira capacité forte de type m toute capacité vérifiant la propriété ci-dessus pour $\operatorname{Card}(K) \leq m$ (12).

<u>Exemples</u>.- 1) $I = 1/J$, où J dérive d'une fonction génératrice semi-continue inférieurement, est une capacité forte de type C $(\operatorname{card}(\Omega))$.

2) plus généralement, Ω topologique séparé, $\Phi : \Omega \to R^+$ semi-continue supérieurement, et N un σ-idéal, alors :

$$I(A) = \operatorname{Inf}\{t \geq 0,\ A \cap (\Phi \geq t) \in N\}$$

est de type σ (puissance du dénombrable).

Signalons que cette liaison entre capacités et Informations permet d'utiliser les résultats connus en théorie des capacités pour étudier les informations, en particulier le problème de construction et prolongement des mesures d'information (11).

La propriété de descendre sur les suites décroissantes de compacts d'une capacité correspond à la continuité séquentielle descendante des Informations (4), propriété qui semble importante pour le problème d'approximation en théorie de l'Information. On pourra, à ce propos considérer les mesures d'information composables ou non, mais possédant la continuité séquentielle descendante, et placer l'étude dans un cadre topologique convenable, par exemple, dans un espace Ω métrique compact, et étudier les conditions portées sur une mesure d'information J pour que cette dernière descend sur les suites décroissantes de $\mathcal{F}$ (ensemble des fermés non vides de Ω, muni de la distance de Hausdorff).

La propriété de monter sur les suites croissantes, ou sur les familles quelconques d'éléments de $P(\Omega)$ d'une capacité ou d'une capacité forte, correspond à la composabilité des informations (type Inf). A cet effet, c'est la notion de précapacité forte qui joue un rôle essentiel ; et c'est l'objet du paragraphe suivant.

IV-PRECAPACITES FORTES DE TYPE-σ.

Définition 4.- (11) Soit m un nombre transfini quelconque, on appelle précapacité forte de type m, toute fonction d'ensemble I définie sur $P(\Omega)$ (ou une classe $\mathcal{F} \subset P(\Omega)$) vérifiant :

1) $I : P(\Omega) \to \bar{R}^+$, $I(\emptyset) = 0$

2) $A \subset B \Rightarrow I(A) \leq I(B)$

3) $\forall \{A_k\}_{k \in K}$ avec $\mathrm{Card}(K) \leq m$ $\Rightarrow$ $I(\bigcup_K A_k) = \sup_K I(A_k)$

Remarque.- quand m est la puissance du dénombrable, on dira précapacité forte de type σ. Dans la suite, nous limitons à ce cas.

La notion de précapacité forte de type σ peut s'introduire à partir des mesures extérieures de la manière suivante :

Soit M une mesure extérieure sur Ω pour toute suite (A_n) on a :

$$\sup_n M(A_n) \leq M(\bigcup A_n) \leq \sum_n M(A_n).$$

En théorie de la mesure, on cherche à déterminer une classe $A \subset P(\Omega)$, sur laquelle la deuxième inégalité devient une égalité (pour les suites d'éléments deux à deux disjoints). Les mesures extérieures pour lesquelles la première inégalité est toujours une égalité sont précisément les précapacités fortes de type σ.

Exemples.- a) L'inverse d'une mesure d'information de type Inf-σ.

b) La dimension de Hausdorff sur un espace métrique

c) $I : P(\Omega) \to R^+$ définie par :

$$I(\emptyset) = 0,\ I(A) = 1 \text{ si } A \neq \emptyset$$

d) $I(\emptyset) = 0$, $I(A) = 0$ si A est au plus dénombrable, et $I(A) = 1$ sinon.

Rappelons qu'un σ-idéal d'une σ-algèbre $\mathcal{A}$ est une sous-classe $\mathcal{N}$ de $\mathcal{A}$ telle que :

1) $\emptyset \in \mathcal{N}$

2) $A \in \mathcal{N}$ et $B \subset A$ avec $B \in \mathcal{A} \Rightarrow B \in \mathcal{N}$

3) pour toute suite $A_n \in \mathcal{N} \Rightarrow \bigcup_n A_n \in \mathcal{N}$.

<u>Théorème 2</u>.- Si $(\mathcal{N}_t)_{t \in R^+}$ est une famille non décroissante de σ-idéaux d'une σ-algèbre $\mathcal{A}$, la fonction d'ensemble $I(A) = \operatorname{Inf}\{t \geq 0,\ A \in \mathcal{N}_t\}$ $(\operatorname{Inf} \emptyset = +\infty)$ est une précapacité forte de type-σ sur $\mathcal{A}$.

<u>Preuve</u>.- Il est clair que I est croissante.

Soit $(A_n) \in \mathcal{A}$; par monotonie, on a :

$$I(\bigcup_n A_n) \geq \operatorname{Sup} I(A_n). \quad (<+\infty).$$

Soit $h > \operatorname{Sup}_n I(A_n)$.

$\forall n$, $I(A_n) < h \Rightarrow A_n \in \mathcal{N}_h$ par croissance de $t \to \mathcal{N}_t$, par suite $\bigcup_n A_n \in \mathcal{N}_h \Rightarrow$

$$I(\bigcup_n A_n) \leq h.$$

Comme corollaire, on redémontre facilement que la dimension de Hausdorff est une précapacité forte de type σ.

Soit Ω un espace métrique, on note $d(A)$ le diamètre de $A \subset \Omega$. La famille des α-mesures de Hausdorff est définie par :

$$\mathcal{M}_\alpha(A) = \lim_{\varepsilon \to 0} \operatorname{Inf} \sum_n |\alpha(A_n)|^\alpha$$

où l'infimum étant pris sur les recouvrements dénombrables de A par des boules fermées A_n telles que $d(A_n) < \varepsilon$.

La dimension de Hausdorff d'un ensemble A est par définition

$$D(A) = \operatorname{Inf}\{\alpha \geq 0,\ \mathcal{M}_\alpha(A) = 0\}.$$

Soit $\mathcal{N}_\alpha = \{A, \mathcal{M}_\alpha(A) = 0\}$, c'est une famille non décroissante de σ-idéaux.

Parmi diverses applications des précapacités fortes en théorie de l'Information, signalons par exemple le problème de convergence suivant :

Soit P_n une suite de mesures de probabilité sur un espace $(\Omega, \mathcal{A})$; et $C_n \in R$ telle que $\lim\limits_{n\to+\infty} C_n = 0$

Considérons la suite des mesures d'information de Wiener-Shannon J_n définies par :

$$J_n(A) = C_n \operatorname{Log} \frac{1}{P_n(A)} \quad , \quad A \in \mathcal{A} .$$

On s'intéresse à $\hat{J}(A) = \lim\limits_{n\to\infty} J_n(A)$.

<u>Proposition 3.- Si la suite de sous-mesures</u> $P_n^{C_n}$ <u>converge vers une précapacité forte de type</u> σ I <u>sur</u> $\mathcal{A}$, <u>alors</u> $\hat{J}$ <u>est une mesure d'information de type Inf-</u>σ (<u>sur</u> $\mathcal{A}$).

La vérification est immédiate.

Voici un exemple (dû à Cl. Langrand) de cette situation : soit $(\Omega, \mathcal{A}, P)$ un espace de probabilité

$$J_n(A) = 1/n \operatorname{Log} \frac{1}{P_n(A)}$$

où P_n seront définies comme suit : $f : \Omega \to \bar{R}^+$ mesurable et $f \in \mathcal{L}^\infty(\Omega, \mathcal{A}, P)$ i.e. $||f||_\infty < +\infty$.

On définit : $$P_n(A) = \frac{\int_A |f|^n \, dP}{\int_\Omega |f|^n \, dP} .$$

Alors $$P_n^{1/n}(A) = \frac{||f.1_A||_n}{||f||_n} \xrightarrow[n\to+\infty]{} \frac{||f.1_A||_\infty}{||f||_\infty}$$

Or $I(A) = ||f.1_A||_\infty$ est une précapacité forte de type σ car si l'on pose $\mathcal{N} = \{A \in \mathcal{A}, P(A) = 0\}$, et $\mathcal{N}_t = \{A \in \mathcal{A} | A \cap (f > t) \in \mathcal{N}\}$ (c'est une famille non décroissante de σ-idéaux) et alors :

$$I(A) = \operatorname{Inf}\{t \geq 0, P[A \cap (f > t)] = 0\}.$$

donc $\hat{J}(A) = \operatorname{Log} \dfrac{||f||_\infty}{||f\,1_A||_\infty}$ est de type Inf-σ (sur $\mathcal{A}$).

Le fait que la dimension D de Hausdorff est une précapacité forte de type γ permet de construire des mesures d'information de type Inf-σ à partir de D comme Wiener-Shannon l'ont fait avec une mesure de probabilité.

<u>Proposition 4.- Pour toute fonction</u> θ <u>telle que</u> :

$$\theta : [0,D(\Omega)] \to \bar{R}^+$$

$$\theta(0) = +\infty, \quad \theta(D(\Omega) = 0$$

θ <u>strictement décroissante et continue, la fonction d'ensemble</u> $J(A) = \theta(D(A))$ <u>est une mesure d'information de type</u> Inf-σ <u>sur</u> $P(\Omega)$.

En effet, $J(A) = \text{Sup}\{t \geq 0, \ M_{\theta^{-1}(t)}(A) = 0\}$, le résultat découle immédiatement du corollaire 1.

Une précapacité n'est pas toujours une mesure extérieure, par contre une précapacité forte de type σ est une mesure extérieure très spéciale. Profitons de cette occasion pour dégager un peu cette classe spéciale de mesures extérieures.

<u>Définition 5.- Une fonction</u> $f : P(\Omega) \to \bar{\mathbb{R}}^+$ <u>est dite condensée si</u> $f(A \cup B) = f(A)$, $\forall B$ <u>tel que</u> $f(B) \leq f(A)$, <u>et cela pour tout</u> $A \subset \Omega$.

<u>Remarque</u>.- a) cette propriété est un renforcement d'une propriété connue des mesures σ-additives, à savoir pour les B tels que $f(B) = 0$.

b) La propriété de condensation de f est équivalente à :

$$f(A \cup B) = \text{Sup}[f(A), f(B)] \ , \quad \forall A, B.$$

<u>Exemple</u>.- 1) Si J est une mesure d'information de type Inf (fini) et $f : \bar{\mathbb{R}}^+ \to \bar{\mathbb{R}}^+$ décroissante, alors $g \circ J$ est condensé.

2) La dimension de Hausdorff.

3) toute précapacité forte de type σ.

<u>Proposition 5.- Une précapacité est une précapacité forte de type</u> σ <u>si et seulement si elle est condensée</u>.

En effet, soit I une précapacité, la propriété de condensation implique :

$$I(\bigcup_{j=1}^{n} A_j) = \sup_{1 \leq j \leq n} I(A_j)$$

Comme I monte sur les suites croissantes, on obtient donc une précapacité forte de type σ.

Soit $\mathcal{M}$ une mesure extérieure sur Ω, on note $\mathcal{A}(\mathcal{M})$ la σ-algèbre des ensembles $\mathcal{M}$-mesurables. Rappelons que $\mathcal{M}$ est régulière si $\forall A \subset \Omega$, il existe $B \in \mathcal{A}(\mathcal{M})$ tel que : $B \supset A$ et $\mathcal{M}(B) = \mathcal{M}(A)$.

<u>Corollaire</u>.- <u>Toute mesure extérieure régulière et condensée est une précapacité forte de type σ.</u>

Cela tient au fait que toute mesure extérieure régulière est une précapacité.

Pour $A \subset \Omega$, on note :

$$C_A(\mathcal{M}) = \{B \subset \Omega,\ B = A \bigcup_{\text{fini}} A_j \quad \text{avec} \quad \mathcal{M}(A_j) \leq \mathcal{M}(A)\}$$

<u>Proposition 6</u>.- <u>Une mesure extérieure condensée $\mathcal{M}$ est régulière si et seulement si</u>

$$\forall A \subset \Omega, \quad C_A(\mathcal{M}) \cap \mathcal{A}(\mathcal{M}) \neq \emptyset$$

<u>Preuve</u>.- Si $C_A(\mathcal{M}) \cap \mathcal{A}(\mathcal{M}) \neq \emptyset$, $\forall A \subset \Omega$; alors pour $A \subset \Omega$, soit $B \in C_A(\mathcal{M})$, $B \in \mathcal{A}(\mathcal{M})$, on a : $B \supset A$ et $\mathcal{M}(B) = \mathcal{M}(A)$ car $\mathcal{M}$ est constante (et vaut $\mathcal{M}(A)$) sur chaque $C_A(\mathcal{M})$.

Inversement, si $\mathcal{M}$ est régulière, pour $A \subset \Omega$, soit $B \in \mathcal{A}(\mathcal{M})$ tel que $B \supset A$ et $\mathcal{M}(B) = \mathcal{M}(A)$, alors :

$$\mathcal{M}(B) = \mathcal{M}[A \cup B - A] = \operatorname{Sup}[\mathcal{M}(A), \mathcal{M}(B - A)] = \mathcal{M}(A) \Rightarrow \mathcal{M}(B - A) \leq \mathcal{M}(A) \Rightarrow$$

$B = A \cup B - A \in C_A(\mathcal{M})$.

Soit $\hat{\mathcal{M}}$ la restriction de $\mathcal{M}$ à $\mathcal{A}(\mathcal{M})$. Si $\mathcal{M}(\Omega) = 1$, alors $\hat{\mathcal{M}}(A) = 0$ ou 1 pour tout $A \in \mathcal{A}(\mathcal{M})$. Par exemple $\Omega = [0,1]$, $\mathcal{M} = D$ (dimension de Hausdorff) l'ensemble C de Cantor a pour dimension $D(C) = \frac{\operatorname{Log} 2}{\operatorname{Log} 3}$, il s'ensuit que C n'est pas mesurable par rapport à la dimension de Hausdorff.

Enfin, rappelons qu'une mesure extrémale (1) est une fonction $\mathcal{M}$ telle que :

1) $\mathcal{M} : P(\Omega) \to \mathbb{R}^+$, $\quad (\Omega) = 1$

2) $\mathcal{M}$ est additive

3) $\forall A \subset \Omega$, $\mathcal{M}(A) = 0$ ou 1.

Il est facile de voir qu'une fonction $\mathcal{M}$ additive sur $P(\Omega)$ avec

$M(\Omega) = 1$, est une mesure extrémale si et seulement si elle est condensée.

V-INFORMATIONS POUR UN ENSEMBLE D'OBSERVATEURS.

Soient $\mathcal{O}$ un ensemble d'observateurs, $\mathcal{F}$ une σ-algèbre de parties de $\mathcal{O}$ et Λ une mesure sur $\mathcal{F}$ avec $\Lambda(\mathcal{O}) = 1$.

Soit $(\Omega,\mathcal{A})$ un espace mesurable, rappelons qu'une mesure aléatoire de l'information est une application :

$$(\xi,A) \to J_\xi(A) \quad \text{de } \mathcal{O} \times \mathcal{A} \to \bar{\mathbb{R}}^+$$

telle que :

1) pour chaque $\xi \in \mathcal{O}$, $A \to J_\xi(A)$ est une mesure d'information.

2) pour chaque $A \in \mathcal{A}$, $\xi \to J_\xi(A)$ est $\mathcal{F}$-mesurable.

Exemple.- Supposons que chaque mesure d'information $J_\xi(.)$ est un temps d'entrée, i.e.

$$J_\xi(A) = \operatorname{Inf}\{t \geq 0, X_t(\xi) \in A\}$$

où (X_t) est un processus mesurable, c'est-à-dire $(t,\xi) \to X_t(\xi)$ de $\mathbb{R}^+ \times \mathcal{O} \to \Omega$ est mesurable par rapport à $\mathcal{B}(\mathbb{R}^+) \otimes \mathcal{F}$ et $\mathcal{A}$ ($\mathcal{B}(\mathbb{R}^+)$ désigne la tribu borélienne de $\mathbb{R}^+$)

Alors $(\xi,A) \to J_\xi(A)$ est une mesure aléatoire de l'Information.

Désignons par H.Q. un super-observateur, il s'agit de définir des mesures d'information pour H.Q.

Dans (11) on envisage la moyenne linéaire ;

$$J_{H.Q}(A) = \int J_\xi(A)\, d \quad (\xi)$$

qui n'est pas composable en général.

Dans (6) nous avons proposé : $J_{H.Q}(A) = \operatorname{Inf. Ess} J_\xi(A)$ qui est composable, par exemple si chaque $J_\xi(.)$ est de type Inf-σ, $J_{H.Q}$ aussi.

Dans (6) nous avons considéré la situation suivante: chaque observateur ξ observe à l'instant t l'état $X_t(\xi)$, H.Q. observe donc :

$$E_t = \bigcup_{\xi \in \mathcal{O}} \bigcup_{0 \leq s \leq t} X_s(\xi)$$

On pourra définir l'information fournie à H.Q. par l'évènement A par le t emps d'entrée de l'application multivoque $X : t \to E_t$, c'est-à-dire :

$$J_{H.Q}(A) = \mathrm{Sup}\{t \geq 0,\ A \cap E_t = \emptyset\}$$

C'es t une mesure d'information de type Inf-C.

Signalons enfin une liaison particulière entre mesures aléatoires de l'information et la notion d'information apportée par un groupe d'observateurs sur un évènement récemment introduite par G. Comyn et J. Losfeld (2) en vue de l'analyse des données statistiques :

Soit $(\xi,A) \rightarrow J_\xi(A)$ une mesure aléatoire de l'Information, posons :

$$\hat{J}(A,B) = \int_B J_\xi(A)\ d\ (\xi),\ B \in \mathcal{F}.$$

C'est une information au sens de (12).

On pourra, réciproquement, déterminer, à une équivalence près, une mesure aléatoire de l'information à partir d'une $\hat{J}(A,B)$ satisfaisant à des conditions convenables.

BIBLIOGRAPHIE

1 - G. CHOQUET : Lectures on Analysis, Vol I, Benjamin 1969

2 - G. COMYN, J. LOSFELD : C.R. Acad. Sci. Paris Sér. A. 276 (1973) p. 1075.

3 - Cl. DELLACHERIE : Capacité et processus stochastiques. Springer-Verlag 1972

4 - J. KAMPE DE FERIET : Mesure de l'Information fournie par un évènement. Coll. Inter. C.N.R.S. n° 186 (1969). Paris 1970, p. 191-221.

5 - J. KAMPE DE FERIET, NGUYEN-TRUNG HUNG : C.R. Acad. Sci. Paris, sér. A. 275 (1972) p. 721.

6 - J. KAMPE DE FERIET, NGUYEN-TRUNG HUNG : C.R. Acad. Sci. Paris Sér. A. 276 (1973) p. 807.

7 - J. KAMPE DE FERIET, P. BENVENUTI : C.R. Acad. Sci. Paris Sér. A, 272 (1971) p. 1467.

8 - J. KAMPE DE FERIET, P. BENVENUTI : C.R. Acad. Sci. Paris. Sér. A 269 (1969)p.97

9 - J. KAMPE DE FERIET : Functional équations and inequalities, C.I.M.E. 1971 p. 165

10 - Cl. LANGRAND : C.R. Acad. Sci. Paris. Sér. A 276 (1973) p. 703.

11 - Cl. LANGRAND, NGUYEN-TRUNG HUNG : C.R. Acad. Sci. Paris. Sér. A. 275 (1972)

12 - NGUYEN-TRUNG HUNG : C.R. Acad. Sci. A. 275 (1972) p. 441.

Université des Sciences et Techniques de Lille I
U.E.R. de Mathématiques Pures et Appliquées
B.P. 36 - 59650 Villeneuve d'Ascq (FRANCE)

INFORMATIONS ET TRAJECTOIRES

SUR UN SYSTEME DE PROPOSITIONS

Jean Sallantin

Université de Poitiers

Les informations de J.Kampé de Fériet, B.Forte {1,2,3} peuvent être définies sur tout ensemble partiellement ordonné de propositions.

Nous les avons construites sur les systèmes de propositions qui forment une classe de structure généralisant les espaces de représentation des mécaniques classiques et quantiques {4,5,6,8} .

Nous rappelons tout d'abord les notions de base sur les informations sur un système de propositions et étudions la représentation de l'évolution d'un système de propositions par un ensemble de trajectoires, puis montrons certaines relations entre informations et trajectoires pour certaines classes de trajectoires.

1. NOTIONS SUR LES SYSTEMES DE PROPOSITIONS

On considère un ensemble $\mathcal{L}$ dont les éléments représentent des propositions. Une proposition est, par définition, l'énoncé d'un fait.

Une proposition peut être vraie ou fausse et n'est considérée que comme support de cette qualité.

Soit a et b deux propositions, on dit que a implique b et on note $a < b$ si l'affirmation de a implique l'affirmation de b ; cette relation définit sur $\mathcal{L}$ un ordre partiel. $\mathcal{L}$ sera muni d'une structure de treillis orthocomplémenté et complet; les propositions $a \wedge b$ et $a \vee b$ représentent respectivement le plus grand des minorants et le plus petit des majorants de a et b .

$0 = \bigwedge_{e \in \mathcal{L}} e$ est la proposition jamais vraie, $I = \bigvee_{e \in \mathcal{L}} e$ est la proposition toujours vraie.

Une orthocomplémentation est une bijection de $\mathcal{L}$ sur $\mathcal{L}$

vérifiant pour deux propositions a et b

$$(a^{\perp})^{\perp} = a$$

$$a \wedge a^{\perp} = 0$$

$$a < b \text{ entraîne } b^{\perp} < a^{\perp}$$

1.1. Définition de la $^{\perp}$compatibilité :

Une famille de propositions a_i , $i \in K$, est dite $^{\perp}$compatible si l'ensemble engendré par $\{a_i \; i \in K, a_i^{\perp} \; i \in K\}$ forme une σ-algèbre de boole.

1.2. Proposition (Loomis)[11] : Si $\mathcal{L}$ est une σ-algèbre de boole il existe un ensemble X , ζ une σ-algèbre de parties de X et un σ-homomorphisme de ζ sur $\mathcal{L}$.

On peut donc remarquer que si $\mathcal{L}$ est lui-même une famille de propositions $^{\perp}$compatibles, il existe une représentation sur une σ-algèbre de parties d'un ensemble X . Réciproquement soit Ω un ensemble et $\mathcal{P}_1(\Omega)$ une σ-algèbre de parties de Ω , les applications , $x_A : \mathcal{P}_1(\Omega) \to [0,1]$ vérifiant :

$$x_A(x) = 0 \quad \text{si} \quad x \subset A$$

$$x_A(x) = 1 \quad \text{si} \quad x \not\subset A$$

qui forment un treillis pour l'ordre $x_A < x_B$ si pour tout x $x_A(x) \leqslant x_B(x)$, forment une famille de $^{\perp}$compatibles.

1.3. Définition de la faible modularité :

$\mathcal{L}$ est faiblement modulaire si $a < b$ entraîne que a et b sont $^{\perp}$compatibles $(a \overset{\perp}{\longleftrightarrow} b)$. Selon une notation de Piron, un croc est un treillis complet orthocomplémenté faiblement modulaire.

1.4. Propriétés des crocs cf. (Piron, Varadarajan ...)

1 - Soit $K \subset \mathbb{N}$, $\{a_i \; , \; i \in K\} \subset \mathcal{L}$, $b \in \mathcal{L}$.

$$\forall i \; , \; i \in K \quad b \overset{\perp}{\longleftrightarrow} a_i \Rightarrow b \overset{\perp}{\longleftrightarrow} \bigvee_{i \in K} a_i$$

$$b \overset{\perp}{\longleftrightarrow} \bigwedge_{i \in K} a_i$$

2 - $a \overset{\perp}{\longleftrightarrow} b$ si et seulement s'il existe , a_1, b_1, c_1 mutuellement

orthogonaux c'est-à-dire $a_1 < b_1^{\perp}$, $a_1 < c_1^{\perp}$, $b_1 < c_1^{\perp}$ tels que

$$a = a_1 \vee c_1$$
$$b = b_1 \vee c_1$$

3 - a et b sont mutuellement orthogonaux si et seulement si :

$$a \overset{\perp}{\longleftrightarrow} b \quad \text{et} \quad a \wedge b = 0$$

4 - $a \overset{\perp}{\longleftrightarrow} b$ si et seulement s'il existe une relation de distribution entre a , b , $b^{\perp}$, la faible modularité peut alors s'écrire si $a < b$,

$$b = a \quad (a^{\perp} \wedge b)$$

alors que la modularité est définie si $a < b$ pour tout c par $b \vee (a \wedge c) = (b \wedge c) \vee a$.

1.5. Définition des systèmes de propositions :

Soit $\mathcal{L}$ un croc , $\mathcal{L}$ est un système de proposition si

1 - pour toute proposition a il existe une proposition b atomique incluse dans a .

2 - si a est un atome pour tout $x \in \mathcal{L}$

$$x < y < x \vee a \quad \text{entraîne} \quad y = x \quad \text{ou} \quad y = x \vee a$$

Remarques - Un atome p vérifie en particulier : $0 < x < p$ entraîne $x = 0$ ou $p = x$;

- Un treillis vérifiant 1 est dit atomique.

1.6. Proposition : Soit $\mathcal{L}$ un croc atomique les propriétés suivantes sont équivalentes.

1 - $\mathcal{L}$ est un système de proposition,

2 - Si a est un atome $b \wedge a^{\perp} = 0$ alors b est nulle ou atomique,

3 - a atome , pour toute proposition b . $(a \vee b) \wedge b^{\perp}$ est un atome si $a \nless b$.

1.7. Proposition : Soit $\mathcal{L}$ un système de propositions, toute proposition peut s'écrire sous la forme d'une union d'atomes mutuellement orthogonaux.

L'ensemble $\mathcal{A}$ des familles d'atomes mutuellement orthogonaux est de type fini et selon Zorn, il existe au moins un élément maximal, soit $A = \{\alpha_i, i \in \mathcal{F}\}$ l'un d'entre eux si $a \neq \bigvee_{i\in\mathcal{F}} \alpha_i$ par suite de la faible modularité comme $\mathcal{L}$ est atomique, il existe $\alpha_0 < a \wedge (\bigwedge_{i\in\mathcal{F}} \alpha_i^{\perp})$ et A n'est pas maximal car $\alpha_0 \perp \alpha_i$ pour tout $i \in \mathcal{F}$.

1.8. Proposition : Si un système de proposition $\mathcal{L}$ possède une famille finie d'atomes mutuellement orthogonaux α_i $i=1 \dots n$ il existe une fonction dimension vérifiant $d(p) = 1$ si p est un atome.

- La démonstration utilise le fait qu'un tel système de propositions est modulaire et toute proposition a selon 1.7 s'écrit sous la forme d'une union d'atomes mutuellement orthogonaux au nombre parfaitement défini $d(a)$.

Une dernière propriété des systèmes de propositions.

1.9. Proposition(Piron) : Soit $\mathcal{L}$ un système de propositions. Pour que $\mathcal{L}$ soit isomorphe au système de propositions des sous-espaces fermés d'un espace de Hilbert séparable il faut et il suffit que :

1 - Toute famille d'atomes mutuellement orthogonaux soit au plus dénombrable.

2 - Il existe au moins 4 atomes mutuellement orthogonaux.

3 - Il n'existe pas dans $\mathcal{L}$ de propositions compatibles avec toutes les propositions de $\mathcal{L}$ autre que 0 et 1.

2. INFORMATIONS SUR UN SYSTEME DE PROPOSITIONS.

2.1. Définissons une information J sur un système de propositions

(A_1) $J(a)$ est un nombre non négatif $J : \mathcal{L} \to \bar{\mathbb{R}}^+$

(A_2) J est monotone par rapport à l'implication

$$(a,b) \in \mathcal{L} \times \mathcal{L} \qquad a < b \Rightarrow J(a) \geqslant J(b)$$

avec les valeurs universelles $J(0) = \infty$, $J(I) = 0$.

2.2. Indépendance de 2 propositions $^{\perp}$compatibles.

Deux propositions $^{\perp}$compatibles a et b sont J indépendantes pour une information J , si :

$$(A_3) \quad J(a^{(i)} \wedge b^{(j)}) = J(a^{(i)}) + J(b^{(j)}), \; a^{(1)} = a \;, \quad a^{(0)} = a^{\perp} \;, \quad i,j = 0,1$$

Nous pouvons définir la $J(\sigma)$ indépendance en faisant intervenir des familles de propositions $^{\perp}$compatibles.

2.3. Composabilité et faible composabilité d'une information J .

Si nous considérons une opération de composition T nous pouvons définir les informations composables et faiblement composables en effet :

$a \wedge b = 0$ n'entraîne pas a et b $^{\perp}$compatibles.

- J est T composable si pour $a,b \in \mathcal{L}$, $a \wedge b = 0$
  $J(a \vee b) = J(a) \;\; T \;\; J(b)$
- J est T faiblement composable si pour $a,b \in \mathcal{L}$ $a < b^{\perp}$
  $J(a \vee b) = J(a) \;\; T \;\; J(b)$.

Une information composable est faiblement composable, nous écrirons T [faiblement] composable quand nous considérons les 2 cas.

Il faut aussi considérer la compatibilité entre l'indépendance et la composabilité ou la faible composabilité, le problème est un peu différent dans le cas des systèmes de propositions car la distributivité entre a b et c n'existe pas toujours

$$a \wedge ((b \wedge c) \vee (b \wedge c^{\perp}) \vee (b^{\perp} \wedge c)) = (a \wedge b \wedge c) \vee (a \wedge b \wedge c^{\perp}) \vee (a \wedge b^{\perp} \wedge c)$$

Posons a j indépendant de $b \wedge c$ de $b \wedge c$ et de $b^{\perp} \wedge c$

$$a \overset{\perp}{\longleftrightarrow} b \wedge c \;, \quad a \overset{\perp}{\longleftrightarrow} b \wedge c^{\perp} \;, \quad a \overset{\perp}{\longleftrightarrow} b^{\perp} \wedge c$$

$$j(a) + j(b \wedge c))Tj(b \wedge c)Tj(b \wedge c) = (j(a) + j(b \wedge c)T(j(a) + j(b \wedge c^{\perp})) \; T(j(a) + j(b^{\perp} \wedge c)).$$

3. TRAJECTOIRE SUR UN CROC.

Nous allons étudier une notion de trajectoire sur un croc $\mathcal{L}$ à l'aide de semi-groupes de morphismes sur $\mathcal{L}$.

3.1. Définition : Soit $\mathcal{L}$ un croc , φ est un endomorphisme de $\mathcal{L}$

si φ vérifie pour $\{x_i, i \in \mathcal{F}\} \subset \mathcal{L}$.

a) $\varphi(\bigwedge_{i\in\mathcal{F}} x_i) = \bigwedge_{i\in\mathcal{F}} \varphi(x_i)$

b) $\varphi(x^{\perp}) = (\varphi(x))^{\perp} \wedge \varphi(I)$

Cette définition coïncide avec celle de Gallone , Mania [7] sur les morphismes de CROCS nous pouvons en déduire plusieurs résultats.

1 - Soit φ un endomorphisme de $\mathcal{L}$, si $\{x_i , i \in \mathcal{F}\} \subset \mathcal{L}$

$$\varphi(\bigvee_{i\in\mathcal{F}} x_i) = \bigvee_{i\in\mathcal{F}} \varphi(x_i)$$

en effet :

$$\varphi((\wedge x_i^{\perp})^{\perp}) = \varphi(\bigwedge_{i\in\mathcal{F}} x_i^{\perp}) \wedge \varphi(I)$$

$$= [\bigwedge_{i\in\mathcal{F}} \varphi(x_i)^{\perp} \wedge \varphi(I)]^{\perp} \wedge \varphi(I)$$

comme $\bigvee_{i\in\mathcal{F}} \varphi(x_i) < \varphi(I)$ par suite de la faible modularité

$$\varphi_{i\in\mathcal{F}}(\vee x_i) = [\bigvee_{i\in\mathcal{F}} \varphi(x_i) \vee \varphi(I)^{\perp}] \wedge \varphi(I)$$

$$= \bigvee_{i\in\mathcal{F}} \varphi(x_i) \quad .$$

2 - L'application $\perp' : \varphi(\mathcal{L}) \to \varphi(\mathcal{L})$ définie par

$(\varphi(x))^{\perp'} = \varphi(x)^{\perp} \wedge \varphi(I)$ est une orthocomplémentation de $\varphi(\mathcal{L})$.

1 et 2 nous en déduisons que $\varphi(\mathcal{L})$ est un sous-treillis orthocomplémenté et complet.

3 - $\varphi(\mathcal{L})$ est faiblement modulaire pour $\perp'$ car si $\varphi(x) < \varphi(y)$

$$\varphi(y) = \varphi(x) \vee [(\varphi(x^{\perp}) \wedge \varphi(I) \wedge \varphi(y)]$$

4 - Si $x \overset{\perp}{\longleftrightarrow} y$ alors $\varphi(x) \overset{\perp}{\longleftrightarrow} \varphi(y)$.

5 - Si x et y sont orthogonaux $\varphi(x)$ et $\varphi(y)$ le sont.

6 - Si φ est injective $\varphi(x) < \varphi(y) \Rightarrow x < y$ d'autre part $\varphi(0) = 0$ quelque soit l'endomorphisme φ de $\mathcal{L}$.

Considérons le semi-groupe J ayant un élément neutre et une

opération de composition notée additivement + , $\{ u(t), t \in J \}$. Si t , $t' \in J$

$$u(t) \circ u(t') = u(t + t')$$

$$u(0) = Id$$

3.2. <u>Définition</u> : <u>Soit</u> $\mathcal{L}$ <u>un croc</u> $\{u(t), t \in J\}$ <u>un semi groupe d'endomorphismes</u>, $\{u(t)\, a,\ t \in J\}$ <u>est appelée une trajectoire si elle forme une famille de propositions</u> <u>$^{\perp}$compatibles</u>.

Cette définition est justifiée par le désir de représenter les trajectoires par des traces formées de parties d'un ensemble à l'aide du théorème de Loomis.

3.3. <u>Lemme</u> : <u>Soit</u> $\mathcal{L}$ <u>un croc pour que</u> $\{u(t)\, a,\ a \in \mathcal{L},\ t \in J\}$ <u>soit une trajectoire il faut et il suffit que</u>

$$\underline{a \overset{\perp}{\longleftrightarrow} u(t)\, a \quad \forall\, t \in J}$$

En effet selon la remarque 4 précédente, si $t' < t$ $u(t')\, a \overset{\perp}{\longleftrightarrow} u(t)\, a$ car $a \overset{\perp}{\longleftrightarrow} u(t - t')\, a$ par hypothèse, la réciproque se déduit de la définition.

De ce résultat nous pouvons déduire que

$\mathcal{C}(I) = \{u(t)\, I,\ t \in J\}$ est une trajectoire.

$\mathcal{C}(0) = \{u(t)\, 0,\ t \in J\}$ est aussi une trajectoire.

Soit $\mathcal{L}'$ l'ensemble des trajectoires de $\mathcal{L}$ pour le semi groupe $u(t)\, I$, nous dirons que la trajectoire $\mathcal{C}a$ implique la trajectoire $\mathcal{C}b$ si $u(t)\, a < u(t)\, b$ pour tout t de J .

$\mathcal{C}a <' \mathcal{C}b \Leftrightarrow u(t)\, a < u(t)\, b$ pour tout t de J et nous noterons

$$\mathcal{C}a \wedge' \mathcal{C}b = \sup_{\mathcal{C}x \in \mathcal{L}'} \{\mathcal{C}x <' \mathcal{C}a\ ,\ \mathcal{C}x <' \mathcal{C}b\}$$

$$\mathcal{C}a \vee' \mathcal{C}b = \inf_{\mathcal{C}x \in \mathcal{L}'} \{\mathcal{C}x >' \mathcal{C}a\ ,\ \mathcal{C}x >' \mathcal{C}b\}$$

3.4. <u>Lemme</u>. <u>Soit</u> $\mathcal{L}$ <u>un croc</u> , $\{u(t),\ t \in J\}$ <u>un semi groupe d'endomorphismes de</u> $\mathcal{L}$ <u>il est possible de munir</u> $\mathcal{L}'$ <u>d'une structure de treillis complet</u>. $\mathcal{L}'$ <u>sera orthocomplémenté par</u> $\perp' : \mathcal{L}' \to \mathcal{L}'$ <u>définie par</u> $(\mathcal{C}a)^{\perp'} = \mathcal{C}a^{\perp}$ <u>si et seulement si</u> $u(t)\, I$ <u>est $^{\perp}$compatible à tout</u> $(\mathcal{C}a)$ <u>de</u> $\mathcal{L}'$.

$\mathcal{C}I$ et $\mathcal{C}0$ existent. $\mathcal{L}'$ est complet car $\mathcal{L}$ est complet et il nous faut montrer l'existence de $\mathcal{C}a^{\perp}$ si $\mathcal{C}I$ et $\mathcal{C}a$ sont des familles de propositions $^{\perp}$compatibles selon 2.3.

$$a \overset{\perp}{\longleftrightarrow} u(t)\, a \quad \text{donc} \quad a^{\perp} \overset{\perp}{\longleftrightarrow} (u(t)a)^{\perp}$$

comme $u(t)(a^{\perp}) = (u(t)a)^{\perp} \wedge u(t)\, I$ selon 1.4.1.

$$a^{\perp} \overset{\perp}{\longleftrightarrow} u(t)\ (a^{\perp})$$

si $\mathcal{C}a$ et $\mathcal{C}a^{\perp}$ existent comme a est $^{\perp}$compatible à $u(t)a$ et à $u(t)(a^{\perp})$, a $^{\perp}$compatible à $u(t)I$ pour tout t de J.

• Si $\mathcal{C}a$ et $\mathcal{C}b$ sont $^{\perp}$compatibles comme sous σ-algèbres de boole de $\mathcal{L}$, on vérifie aisément que

(1) $\mathcal{C}a \wedge' \mathcal{C}b = \mathcal{C}a \wedge b$

(2) $\mathcal{C}a \vee' \mathcal{C}b = \mathcal{C}a \vee b$

et $\mathcal{C}a$ et $\mathcal{C}b$ sont $^{\perp'}$compatibles dans $\mathcal{L}'$.

Mais $\mathcal{C}a <' \mathcal{C}b$ n'implique pas a priori que $\mathcal{C}a$ et $\mathcal{C}b$ sont $^{\perp'}$compatibles en effet.

Soit $\mathcal{L}$ un système de propositions (1.5) α_1 et α_2 des atomes de $\mathcal{L}$ non $^{\perp}$compatibles, supposons l'existence de $\mathcal{C}\alpha_1 \vee \alpha_2$, $\mathcal{C}\alpha_1$ et de l'orthocomplémentation $\perp'$ sur $\mathcal{L}'$.

Si $\mathcal{L}'$ est faiblement modulaire

1. $\mathcal{C}(\alpha_1 \vee \alpha_2) = \mathcal{C}\alpha_1 \vee' (\mathcal{C}\alpha_1^{\perp} \wedge \mathcal{C}\alpha_1 \vee \alpha_2)$

comme $\alpha_1^{\perp} \wedge (\alpha_1 \vee \alpha_2)$ est un atome (1.6) 1. sera vérifié si $\mathcal{C}(\alpha_1 \vee \alpha_2) \wedge' \mathcal{C}\alpha_1^{\perp} \neq \mathcal{C}_o$.

$\mathcal{L}'$ n'est donc pas toujours faiblement modulaire.

3.5. <u>Proposition</u>. <u>Si $\mathcal{L}'$ est orthocomplémenté, si pour tout atome α du système de proposition $\mathcal{L}$, $\mathcal{C}\alpha \in \mathcal{L}'$, $\mathcal{L}'$ est faiblement modulaire</u>.

Selon (1.7) il existe une famille d'atomes mutuellement orthogonaux α_i , $i \in I \cup J$, $I \cap J = \emptyset$ telle que

$$a = \bigvee_{i \in I} \alpha_i \ , \qquad b = \bigvee_{i \in I \cup J} \alpha_i$$

$$\mathcal{C}a = \mathcal{C}\bigvee_{i \in I} \alpha_i \ , \qquad \mathcal{C}b = \mathcal{C}\bigvee_{i \in I \cup J} \alpha i$$

ceci car

$\mathscr{C}a \vee b = \mathscr{C}a \vee' \mathscr{C}b$ si $\mathscr{C}a \vee b$, $\mathscr{C}a$, $\mathscr{C}b$ existent de même

$$\mathscr{C}a^{\perp} \wedge' \mathscr{C}b = \bigvee'_{i \in I} \mathscr{C}\alpha_i$$

d'où $\mathscr{C}(b) = \mathscr{C}a \vee' (\mathscr{C}b \wedge' \mathscr{C}a^{\perp'})$

3.6. <u>Proposition</u> : <u>$\mathscr{L}'$ est orthocomplémenté, si $\mathscr{C}a$ est stable c'est-à-dire</u> $u(t)a = a \;\forall\; t \in J$ <u>alors</u> :

$$\underline{\mathscr{C}x <' \mathscr{C}a <' \mathscr{C}y \Rightarrow \mathscr{C}x \overset{\perp'}{\longleftrightarrow} \mathscr{C}y}$$

nous devons montrer que

$\mathscr{C}y = \mathscr{C}x \vee' (\mathscr{C}x^{\perp'} \wedge' \mathscr{C}y)$ et pour cela il suffit de montrer

que $\mathscr{C}x^{\perp} \wedge y = \mathscr{C}x^{\perp} \wedge' \mathscr{C}y$

ou encore :

$$x^{\perp} \wedge y \overset{\perp}{\longleftrightarrow} u(t)\ (x^{\perp} \wedge y) \quad \forall\; t \in J$$

tout d'abord: $y \overset{\perp}{\longleftrightarrow} u(t)\ x$ et $y \overset{\perp}{\longleftrightarrow} u(t)\ I \;\forall\; t$ car $\mathscr{L}'$est orthocomplémenté, comme $u(t')\ x < a < u(t)y$ pour tout t et t'

$y \overset{\perp}{\longleftrightarrow} u(t)x$ et $x \overset{\perp}{\longleftrightarrow} u(t)y$ pour tout t de là , selon 1.4.1,

$$y \overset{\perp}{\longleftrightarrow} (u(t)x)^{\perp} \wedge u(t)I \wedge u(t)y$$

$$x^{\perp} \overset{\perp}{\longleftrightarrow} (u(t)x^{\perp}) \wedge u(t)y \ .$$

3.7. <u>Proposition</u> : Soit $\mathscr{L}$ un croc.

<u>Si</u> $u(t)$, $t \in J$ <u>est un groupe d'automorphisme de</u> $\mathscr{L}$. <u>Les automorphismes</u> $U(t)$: $\mathscr{L}' \to \mathscr{L}'$ <u>défini par</u> :

$$\underline{U(t)\ \mathscr{C}a = \mathscr{C}u(t)a} \qquad \underline{t \in J}$$

<u>formeront un groupe d'automorphismes de</u> $\mathscr{L}'$.

Nous remarquons d'abord que si $\mathscr{C}a$ et $\mathscr{C}b$ existent $\mathscr{C}a^{\perp}$ et $\mathscr{C}u(t)a$ existent car $u(t)I = I$, nous devons montrer que :

a) $U(t)\ (\mathscr{C}a \wedge' \mathscr{C}b) = U(t)\ \mathscr{C}a \wedge' U(t)\ \mathscr{C}b$

b) $U(t)\ ((\mathscr{C}a)^{\perp'}) = U(t)(\mathscr{C}a)^{\perp'} \wedge' U(t)\ \mathscr{C}I$

b) est évidente. Pour montrer a) soient x et y tels que $\mathscr{C}x = \mathscr{C}a \wedge' \mathscr{C}b$ et $\mathscr{C}y = \mathscr{C}u(t)a \wedge' \mathscr{C}u(t)b$ comme $u(t)$ est un automorphisme $y < u(t)a \wedge u(t)b$ entraîne :

$u(-t)y < a \wedge b$, $\mathscr{C}u(-t)y$ étant une trajectoire $u(-t)y < x$ et comme $u(t)x$ est aussi une trajectoire $u(t)x < y$ donc $y = u(t)x$.

4. INFORMATION ET TRAJECTOIRE.

Si $u(t)$, $t \in J$ forme un groupe d'automorphismes sur un système de propositions.

4.1. Proposition : Soit $\mathscr{L}$ un système de propositions ayant une base dénombrable d'atomes, $u(t)$, $t \in J$ un groupe d'automorphismes de $\mathscr{L}$, d la fonction dimension généralisée de $\mathscr{L}$ vérifie pour toute proposition a de $\mathscr{L}$:

$$d(u(t)a) = d(a) \quad \text{pour} \quad t \in J$$

Si $a = \bigvee_{i \in \mathscr{F}} \alpha_i$ ou α_i , $i \in \mathscr{F}$ est une famille d'atomes mutuellement orthogonaux $u(t)\alpha_i$, $i \in \mathscr{F}$ est une famille de propositions mutuellement orthogonales et $u(t)\alpha_i$ est un atome car si :

$$0 < x < u(t)\alpha_i$$

$$0 < u(-t)x < \alpha_i \quad \text{donc} \quad u(-t)x = 0 \text{ ou } \alpha_i$$

$d(u(t)a) = \text{card}\,\{\alpha_i\}$ voir (9) , en particulier des informations de Type M associées à d sont invariantes sur les trajectoires.

Si à tout atome de $\mathscr{L}$ est associée une trajectoire $\mathscr{L}'$ est faiblement modulaire et la fonction dimension d' de $\mathscr{L}'$ valant 1 sur les atomes vérifie

$$d'(\mathscr{C}a) = d(a)$$

en particulier à toute information J' faiblement composable sur $\mathscr{L}'$ correspond une information faiblement composable sur $\mathscr{L}J$, vérifiant pour toute $\mathscr{C}x$ $J'(\mathscr{C}(x)) = J(x)$.

Quelques propriétés des informations de type infimum : tout d'abord un résultat déduit des propriétés des informations de type infimum sur les σ algèbres:

4.2. Proposition : Soit $\mathscr{L}$ un croc, $u(t)$, $t \in \overline{\mathbb{R}^+}$ un semi-groupe d'endomorphismes de $\mathscr{L}$; soit $\mathscr{C}a$ une trajectoire de $\mathscr{L}$ vérifiant

1 - $\lim_{t \to \infty} u(t)a \to 0$, $u(t)a < u(t')a \quad t > t' \quad a \neq 0$

<u>Sur la σ algèbre engendrée par $\mathcal{C}a$ il existe une information de type inf c vérifiant</u>

$$T(u(t)a) = t$$

Si (1) est vérifiée d'abord $\mathcal{C}a$ est bien une trajectoire, puis si $u(t)a = u(t')a$ pour $t > t'$

$$\lim_{n\to\infty} u(n(t-t')) \circ u(t')a = u(t')a$$

et si $a \neq 0$, $u(t)a \not\to 0$

$T(u(t)a) = t$ est parfaitement définie

posons $T(I) = 0$.

Nous pouvons appliquer le théorème 5 [11] qui définit l'existence d'une information de type inf c J^* définie sur σ algèbre engendrée par $\mathcal{C}a$ et coïncidant avec T sur $\mathcal{F}$.

Si $\mathcal{C}a$ et $\mathcal{C}b$ sont $\perp$compatibles et vérifient (1) $\mathcal{C}a\wedge b$ et $\mathcal{C}a\vee b$ vérifieront (1) et il sera possible de trouver des informations $Ja\wedge b$, $Ja\vee b$, Ja et Jb sur les σalgèbres engendrées repectivement par $\mathcal{C}a$, $\mathcal{C}b$, $\mathcal{C}a\wedge b$, $\mathcal{C}a\vee b$ coïncidant avec T sur respectivement $\mathcal{C}a$, $\mathcal{C}b$, $\mathcal{C}a \vee b$, $\mathcal{C}a \wedge b$.

4.3. <u>Proposition</u> : <u>Soit</u> $\mathcal{L}$ <u>un CROC</u> , $u(t)$, $t \in \overline{\mathbb{R}^+}$ <u>un semi-groupe d'endomorphismes de</u> $\mathcal{L}$ <u>suposons que</u> :

1) $\lim_{t\to\infty} u(t)I = 0$, $u(t)I \neq 0$ pour tout $t \in \overline{\mathbb{R}^+}$

2) $u(t)I$ est$\perp$compatible à tout $a \in \mathcal{L}$ pour tout t alors

- <u>il existe une information de type inf c sur</u> $\mathcal{L}$ <u>faiblement composable vérifiant</u>

$$\underline{T(u(t)I) = t}$$

- <u>Si</u> $a \in \mathcal{L}$ <u>et</u> $T(a) = 0$, $T(a^\perp) \neq 0$,

$$\underline{T(u(t)a) = t}$$

- <u>Si de plus</u> $u(t)$ <u>est injective pour tout</u> t, <u>pour tout</u> $a \in \mathcal{L}$

$$\underline{T(u(t)a) = t + T(a)}$$

Tout d'abord pour que $u(t)I \to 0$ comme $u(t)I < u(t')I$ pour

$t > t'$ il faut que $u(t)I$ soit différent de $u(t')I$ pour $t \neq t'$ sinon $\lim n \to \infty$ $u(n(t-t'))$ $u(t')I = u(t')I \neq 0$ donc $t = T(u(t)I)$ est parfaitement défini

$$T(I) = 0 \quad , \quad T(0) = \infty$$

Soit $a \in \mathcal{L}$ soit α défini par $a < u(t)I$ pour $t<\alpha$, $a \nless u(t)I$ pour $t > \alpha$ posons $T(a) = \alpha$.

Vérifions que T est une information de type inf c faiblement composable.

$$u(t)I \overset{\perp}{\longleftrightarrow} a \quad \text{et} \quad u(t)I \overset{\perp}{\longleftrightarrow} b \quad , \quad a \wedge b = 0 \ , \quad a \overset{\perp}{\longleftrightarrow} b$$

si $(a \vee b) \wedge u(t)I = (a \wedge u(t)I) \vee (b \wedge u(t)I)$
$= a \vee b$.

Comme a et b sont ${}^{\perp}$compatibles ceci implique

$$a \wedge u(t)I = a \quad , \quad b \wedge u(t)I = b$$

donc

$$T(a \vee b) = \inf\,(T(a),T(b)).$$

Nous remarquerons que a et b étant ${}^{\perp}$compatibles

$$a \vee b = a \vee (b \wedge a^{\perp})$$
$$a \vee b = b \vee (a \wedge b^{\perp})$$

et $Ta \vee b = \inf\,(T(a) \ , T(b))$ pour tout couple de propositions ${}^{\perp}$compatibles.

2 - Si $T(a) = 0$, $T(a^{\perp}) = \alpha \neq 0$ comme $u(t)I = u(t)a \vee u(t)a^{\perp}$

$$T(u(t)I) = t = \inf\,(T(u(t)a),T(u(t)(a^{\perp})))$$

comme $a^{\perp} < u(t_o)I$ pour $\alpha \geqslant t_o > 0$

$$(u(t)a^{\perp}) < u(t + t_o)I \quad \text{donc}$$

$$T(u(t)a^{\perp}) > t \quad \text{d'où le résultat.}$$

3 - Si $u(t)$ est injectif pour tout $t \in J$

soit $T(a) = t_o$

si $T(u(t)a) = 1 \geqslant t + t_o$

$u(t)a < u(t')I$, $t_o + t < t' < 1$

ce qui entraîne par suite de l'injectivité

$$a < u(t' - t)I$$

comme $t' - t < t_o$, $t' < t_o + t$ donc $1 = t_o + t$
et

$$T(u(t)a) = t + T(a) .$$

Remarque :

Si nous décrivons un système physique pour lequel l'ensemble des états évolue de façon irréversible vers un état stationnaire le paramètre du semigroupe est alors une information de type inf c .

Conclusion

Les systèmes de propositions forment une tentative de représentation qualitative des phénomènes observables.

Cette étude sur les trajectoires sur les systèmes de propositions tente de représenter de façon qualitative l'évolution des représentations des phénomènes observables.

Références :

[1] J.KAMPE DE FERIET : Mesure de l'information fournie par un événement, Colloques Internationaux du C.N.R.S. , n°186.

[2] J.KAMPE DE FERIET : Note di Teoria dell'informazione, Istituto di Matematica applicata dell'Universita di Roma, 1972.

[3] J.KAMPE DE FERIET, P.BENVENUTI, B.FORTE : Forme générale de l'opération de composition continue d'une information, C.R. Acad. Sc. Paris, 269A (1969), 529-534.

[4] J.JAUCH : Foundation of quantum theory, Addison-Weslay, 1968

[5] C.PIRON : Axiomatique quantique, Helv-Phys. Act (1964) 37-39.

[6] V.S.VARADARAJAN : Geometry of quantum theory, (Van Nostrand)

[7] F.GALLONE, A.MANIA: Group representations by automorphisms of a Proposition system, Ann. Ins. Poincaré, Vol XV n°1, (1971), 37-59.

[8] J.SALLANTIN : Système de propositions et informations, C.R. Acad. Sc. Paris, 274A (1972), 986.

Informations pures sur un système de propositions, C.R. Acad. Sc. Paris, 275A (1972), 65.

[9] J.SALLANTIN : Informations, systèmes de propositions, et logique de la mécanique quantique, Thèse de 3° Cycle, Paris, Juin 1972.

[10] LOOMIS : On the representation of σ-complete boolean Algebra, Bull Amer Math. Soc. , 53, (1946), 757.

[11] J.KAMPE DE FERIET, P.BENVENUTI : Sur une classe d'informations, C.R. Acad. Sc. Paris, 269, 97-101.

INFORMATIONS TOTALEMENT COMPOSABLES

Carlo BERTOLUZZA

Universita di Pavia (Italia)

Michel SCHNEIDER

Université de Clermont-Ferrand (France)

Cette étude se place dans le cadre de la théorie générale de l'Information introduite par J. KAMPE DE FERIET et B. FORTE. Nous nous proposons de caractériser parmi les mesures d'informations totalement composables celles dont la loi de composition d'informations d'évènements est du type M.

I - DEFINITIONS.

Soit $\{\Omega, \mathcal{S}, \mathcal{E}, \mathcal{K}, H\}$ un espace d'informations d'expériences où

Ω est l'ensemble des évènements élémentaires ;

$\mathcal{S}$ est une famille de parties de Ω ;

$\mathcal{E}$ est une famille de partitions Π_A d'éléments A de $\mathcal{S}$ possédant une relation d'ordre ($\Pi'_A > \Pi''_A$ signifie que la partition Π'_A est plus fine que la partition Π''_A), une opération union notée $\cup$ et une opération intersection notée $\cap$;

$\mathcal{K}$ est une collection de familles de partitions de $\mathcal{E}$ indépendantes au sens algébrique et qui seront par la suite considérées comme indépendantes au sens de l'information ;

H est une mesure d'information sur $\mathcal{E}$, c'est-à-dire une application de $\mathcal{E}$ dans R^+ telle que

a) $\forall\ \Pi'_A \in \mathcal{E}$ et $\Pi''_A \in \mathcal{E}$ avec $\Pi'_A > \Pi''_A$ alors $H(\Pi'_A) > H(\Pi''_A)$;

b) $\forall\ \{\Pi_{A_1}, \Pi_{A_2}, \dots, \Pi_{A_n}\} \in \mathcal{K}$ alors $H(\bigcap_{i=1}^{n} \Pi_{A_i}) = \sum_{i=1}^{n} H(\Pi_{A_i})$.

Soit $\mathcal{E}_1$ le sous-ensemble de $\mathcal{E}$ constitué des partitions $\{A\}$ des éléments A de $\mathcal{S}$ comprenant un seul ensemble A. La restriction de H à $\mathcal{E}_1$ définit une application J de $\mathcal{S}$ dans R^+ telle que $J(A) = H(\{A\})$. J est une mesure d'informations d'évènements au sens de J. KAMPE DE FERIET et B. FORTE sur l'espace $(\Omega, \mathcal{S})$ [1, 2].

On supposera que la mesure d'information J possède une loi de composition du type M, c'est-à-dire que pour chaque couple d'éléments disjoints A, B de $\mathcal{S}$, on a

(1) $J(A \cup B) = F(J(A), J(B))$

avec

(2) $F(x, y) = \theta(\theta^{-1}(x) + \theta^{-1}(y))$

où θ est une fonction donnée positive strictement décroissante sur $[0, M]$ avec $M < +\infty$ [3].

II - PROBLEME.

Nous nous proposons dans ces conditions de caractériser les mesures d'informations H qui sont totalement composables [4], c'est-à-dire celles qui possèdent en outre une loi de composition pour les informations d'expériences.

On dit qu'il existe une loi de composition d'informations d'expériences pour la mesure H si pour tout couple Π_A, Π_B d'éléments disjoints de $\mathcal{E}$ on a

(3) $H(\Pi_A \cup \Pi_B) = \Phi(J(A), J(B), H(\Pi_A), H(\Pi_B))$.

Nous déterminerons d'abord la forme la plus générale de la loi de compositions Φ et nous verrons ensuite comment la mesure H peut en être déduite.

III - PROPRIETES DE LA LOI DE COMPOSITION.

Soient Π_A, Π_B, Π_C trois expériences de $\mathcal{E}$. On posera

(4) $H(\Pi_A) = u$; $H(\Pi_B) = v$; $H(\Pi_C) = w$;

$J(A) = x$; $J(B) = y$; $J(C) = z$.

Les propriétés caractéristiques de la loi de composition Φ résultent de la structure de l'espace d'information $\{\Omega, \mathcal{S}, \mathcal{E}, \mathcal{H}, H\}$ et sont les suivantes

(5-a) <u>Domaine de définition</u> : Pour chaque couple $A \in \mathcal{S}$ et $\Pi_A \in \mathcal{E}$ on a $H(\Pi_A) \geqslant J(A)$ et l'ensemble de définition de la fonction Φ est donc

$$\Gamma_4 = [(x, y, u, v) : x \geqslant 0, y \geqslant 0, u \geqslant x, v \geqslant y] ;$$

(5-b) <u>Symétrie</u> : Puisque $\Pi_A \cup \Pi_B = \Pi_B \cup \Pi_A$ il vient

$$\Phi(x, y, u, v) = \Phi(y, x, v, u) ;$$

(5-c) <u>Monotonie</u> : Si $\Pi'_B \geqslant \Pi''_B$ on a simultanément $v' \geqslant v''$ et $\Pi_A \cup \Pi'_B \geqslant \Pi_A \cup \Pi''_B$, donc

$$v' \geqslant v'' \Rightarrow \Phi(x, y, u, v') \geqslant \Phi(x, y, u, v'') ;$$

(5-d) <u>Associativité</u> : Puisque $(\Pi_A \cup \Pi_B) \cup \Pi_C = \Pi_A \cup (\Pi_B \cup \Pi_C)$ la fonction Φ vérifie

$$\Phi(\theta(\theta^{-1}(x) + \theta^{-1}(y)), z, \Phi(x, y, u, v), w) =$$
$$\Phi(x, \theta(\theta^{-1}(y) + \theta^{-1}(z)), u, \Phi(y, z, v, w)) ;$$

(5-e) <u>Valeur limite</u> : $\Pi_A \cup \Pi_B \geqslant \{A\} \cup \{B\} \geqslant \{A \cup B\}$ entraîne

$$\Phi(x, y, u, v) \geqslant \Phi(x, y, x, y) \geqslant \theta(\theta^{-1}(x) + \theta^{-1}(y)).$$

Pour la suite, il sera commode de poser

(6) $\xi = \theta^{-1}(x)$; $\eta = \theta^{-1}(y)$; $\alpha = \theta^{-1}(z)$;

et d'introduire la nouvelle fonction

(7) $G(\xi, \eta, u, v) = \Phi(\theta(\xi), \theta(\eta), u, v)$.

Les propriétés (5-a) à (5-e) de la fonction Φ sont équivalentes aux propriétés de la fonction G ci-après :

(8-a) $\Gamma_4^* = [(\xi, \eta, u, v) : \xi \geqslant 0 ; \eta \geqslant 0 ; u \geqslant \theta(\xi) ; v \geqslant \theta(\eta)]$;

(8-b) $G(\xi, \eta, u, v) = G(\eta, \xi, v, u)$;

(8-c) $v' \geqslant v'' \Rightarrow G(\xi, \eta, u, v') \geqslant G(\xi, \eta, u, v'')$;

(8-d) $G(\xi + \eta, \alpha, G(\xi, \eta, u, v), w) = G(\xi, \eta + \alpha, u, G(\eta, \alpha, v, w))$;

(8-e) $G(\xi, \eta, u, v) \geqslant G(\xi, \eta, \theta(\xi), \theta(\eta)) \geqslant \theta(\xi + \eta)$.

IV - RESOLUTION DES EQUATIONS (8 - c) ET (8 - d).

Posons

$$G(\xi, \eta, u, v) = J(u, v)$$

$$G(\xi + \eta, \alpha, s, w) = F(s, w)$$

$$G(\xi, \eta+\alpha, u, t) = H(u, t)$$

$$G(\eta, \alpha, v, w) = K(v, w).$$

L'équation d'associativité (8-d) s'écrit alors

(9) $F(J(u, v), w) = H(u, K(v, w))$.

Cette équation a été résolue par J. ACZEL [5] dans l'hypothèse où J, F, H, K sont inversibles par rapport aux deux variables. Ces conditions sont satisfaites si la fonction G est strictement monotone par rapport à u et v, c'est-à-dire :

(8-c)* $v' > v'' \Rightarrow G(\xi, \eta, u, v') > G(\xi, \eta, u, v'')$.

Pour la suite, on remplacera donc la propriété (8-c) par la propriété plus restrictive (8-c)*. La solution générale de l'équation (8-d) est dans ces conditions :

$$F(s, w) = \ell(f(s) + g(w))$$

$$H(u, t) = \ell(k(u) + h(t))$$

$$J(u, v) = f^{-1}(k(u) + m(v))$$

$$K(v, w) = h^{-1}(m(v) + g(w))$$

où f, g, h, k, ℓ, m sont des fonctions strictement monotones.

Il en résulte

(10-a) $G(\xi, \eta, u, v) = f^{-1}_{\xi,\eta}(k_{\xi,\eta}(u) + m_{\xi,\eta}(v))$

(10-b) $G(\xi + \eta, \alpha, s, w) = \ell_{\xi+\eta,\alpha}(f_{\xi+\eta,\alpha}(s) + g_{\xi+\eta,\alpha}(w))$

(10-c) $G(\eta, \alpha, v, w) = h^{-1}_{\eta,\alpha}(m_{\eta,\alpha}(v) + g_{\eta,\alpha}(w))$

(10-d) $G(\xi, \eta+\alpha, u, t) = \ell_{\xi,\eta+\alpha}(k_{\xi,\eta+\alpha}(u) + h_{\xi,\eta+\alpha}(t))$.

Il apparaît ainsi que

f ne dépend que du paramètre $\xi+\eta$,

k ne dépend que du paramètre ξ,

m ne dépend que du paramètre η,

ℓ ne dépend que du paramètre $\xi + \eta + \alpha$,

g ne dépend que du paramètre α,

h ne dépend que du paramètre $\eta + \alpha$.

En effet, en ce qui concerne par exemple la fonction f, les deux relations (10-a) et (10-b) imposent

$$f_{\xi,\eta}(u) = f_{\xi+\eta,\alpha}(u)$$

et par conséquent f ne dépend que du seul paramètre $\xi + \eta$. Un raisonnement identique pour les autres fonctions conduit aux résultats annoncés.

Les relations (10-a) à (10-d) s'écrivent ainsi

$$G(\xi, \eta, u, v) = f^{-1}_{\xi+\eta}\,(k_\xi(u) + m_\eta(v))$$

$$G(\xi+\eta, \alpha, s, w) = \ell_{\xi+\eta+\alpha}(f_{\xi+\eta}(s) + g_\alpha(w))$$

$$G(\xi, \eta+\alpha\ , u, t) = \ell_{\xi+\eta+\alpha}(k_\xi(u) + h_{\eta+\alpha}(t))$$

$$G(\eta, \alpha, v, w) = h^{-1}_{\eta+\alpha}(m_\eta(v) + g_\alpha(w)).$$

Ces quatre définitions différentes de la fonction G sont cohérentes entre elles si

$$m_\beta(z) = g_\beta(z) = h_\beta(z) = f_\beta(z) = \ell^{-1}_\beta(z).$$

D'où en définitive

(11) $$G(\xi, \eta, u, v) = f^{-1}_{\xi+\eta}(f\ (u) + f_\eta(v))$$

où $f_\xi(u)$ est une fonction strictement monotone en u pour tout ξ.

V - RESOLUTION DU SYSTEME (8).

On constate immédiatement que la solution (11) de (8-d) vérifie (8-a), (8-b) et (8-c) tandis que la propriété (8-e) n'est satisfaite que si des conditions supplémentaires sont imposées à la fonction f.

Compte-tenu de (11), (8-e) s'écrit

(12) $$f^{-1}_{\xi+\eta}\left[f_\xi(\theta(\xi)) + f_\eta(\theta(\eta))\right] \geqslant \theta(\xi+\eta)\,.$$

Posons $f_\xi(\theta(\xi)) = g(\xi)$. (12) devient

(13-a) $g\ (\xi) + g(\eta) \geqslant g(\xi+\eta)$ lorsque $f_\xi(u)$ est strictement croissante et

(13-b) $g(\xi) + g(\eta) \leqslant g(\xi+\eta)$ lorsque $f_\xi(u)$ est strictement décroissante.

Les restrictions imposées à $f_\xi(u)$ par l'une ou l'autre de ces relations dépendront du choix de $\theta(\xi)$.

VI - CONSTRUCTION DES MESURES D'INFORMATIONS.

Soit $\{\Omega, \mathcal{S}, J\}$ un espace d'informations d'évènements du type M (c'est-à-dire tel que la mesure d'information possède une loi de composition du type - M) et soit $\mathcal{E}$ une famille de partitions $\pi_A = \{A_1, A_2, \dots, A_n\}$ telles que chaque sous-ensemble A_i est un élément de $\mathcal{S}$. On a

$$\pi_A = \{A_1\} \cup \{A_2\} \dots \cup \{A_n\} = \bigcup_{i=1}^{n} \{A_i\}$$

l'union devant être comprise au sens de l'union d'expériences.

Posons $x_i = J(A_i)$, $\xi_i = \theta^{-1}(x_i)$. Par itération à partir de la loi de composition (11) il vient :

$$(14) \qquad H(\pi_A) = H(\cup\{A_i\}) = f^{-1}_{\sum\xi_i}\left[\sum f_{\xi_i}(\theta(\xi_i))\right]$$

$$= f^{-1}_{\sum\theta^{-1}(J(A_i))}\left[\sum f_{\theta^{-1}(J(A_i))}(J(A_i))\right] .$$

VII - EXEMPLES.

1) - Si $\{\Omega, \mathcal{S}, J\}$ est un espace d'information de SHANNON, alors

$J(A) = -\log p(A)$

et $F(x, y) = -\log(e^{-x} + e^{-y})$

D'où $\theta(\xi) = -\log\xi$ avec $0 \leqslant \xi \leqslant 1$

Soit $\theta^{-1}(x) = e^{-x}$.

Nous pouvons prendre par exemple

a) $f_\xi(u) = \xi.u$;

b) $f_\xi(u) = \xi e^{(1-\alpha)u}$ avec $\alpha \neq 1$;

c) $f_\xi(u) = u\xi + \lambda\,\xi\log\xi$ avec $\lambda \leqslant 1$.

Pour ces trois fonctions strictement monotones l'inégalité (13-a) ou (13-b) est en effet vérifiée dans les conditions spécifiées. Les lois de composition et les mesures d'informations correspondantes sont respectivement obtenues par (12) et (14) et sont :

a') $\Phi(x, y, u, v) = \dfrac{ue^{-x} + ve^{-y}}{e^{-x} + e^{-y}}$

$$H(\pi_A) = \frac{\sum_i J(A_i)e^{-J(A_i)}}{e^{-J(A)}}$$

C'est l'entropie de SHANNON ;

b') $\Phi(x, y, u, v) = \dfrac{1}{1-\alpha} \log \dfrac{e^{(1-\alpha)u-x} + e^{(1-\alpha)v-y}}{e^{-x} + e^{-y}}$

$$H(\pi_A) = \frac{1}{1-\alpha} \log \frac{\sum_i e^{-\alpha J(A_i)}}{e^{-J(A)}}$$

C'est l'entropie de RENYI d'ordre α ;

c') $\Phi(x, y, u, v) = \dfrac{e^{-x}(u+\lambda x) + e^{-y}(v+\lambda y)}{e^{-x} + e^{-y}} - \lambda F(x, y)$

$$H(\pi_A) = \frac{\sum_i (1+\lambda)\, J(A_i)\, e^{-J(A_i)}}{e^{-J(A)}} - \lambda J(A)$$

Cette mesure d'informations d'expériences proposée par P. BENVENUTI [6] généralise l'entropie de SHANNON.

2) Soit $\{\Omega, \mathcal{S}, J\}$ un espace d'information hyperbolique.

Soit $N(A)$ le nombre des éléments de $A \in \mathcal{S}$ et posons $\alpha = 1/N(\Omega)$. Alors

$$J(A) = \frac{1}{N(A)} - \alpha$$

et $F(x, y) = \dfrac{1}{\dfrac{1}{x+\alpha} + \dfrac{1}{y+\alpha}} - \alpha$

D'où $\theta(\xi) = 1/\xi - \alpha$ et $\theta^{-1}(x) = 1/(x + \alpha)$.

En prenant

$$f_\xi(u) = \xi^r . u^s$$

les restrictions (13-a) ou (13-b) sont satisfaites dans les cas particuliers suivants :

a) r = s = 1, alors

$$\Phi(x, y, u, v) = \frac{1}{\frac{1}{x+\alpha} + \frac{1}{y+\alpha}} \left(\frac{u}{x+\alpha} + \frac{v}{y+\alpha} \right)$$

et $H(\pi_A) = n.\ J(A)$;

b) r = 0, s = 1, alors

$$\Phi(x, y, u, v) = u + v$$

et $H(\pi_A) = \sum_{i=1}^{n} J(A_i)$;

c) $\alpha = 0$ avec $s \geqslant r-1$ lorsque $r \geqslant 1$,

ou $s \leqslant r-1$ lorsque $r \leqslant 1$, alors

$$\Phi(x, y, u, v) = \frac{1}{\left(\frac{1}{x} + \frac{1}{y} \right)^{r/s}} \left(\frac{u^s}{x^r} + \frac{v^s}{y^r} \right)^{1/s}$$

et $H(\pi_A) = \left[\sum_{i=1}^{n} (J(A_i))^{s-r} / \left(\sum_{i=1}^{n} \frac{1}{J(A_i)} \right)^r \right]^{1/s}.$

R E F E R E N C E S

[1] J. KAMPE DE FERIET ET B. FORTE "Information et Probabilité", CRAS, Série A, tome 265 (1967), p. 110-114, p. 142-146, p. 350-353.

[2] B. FORTE "Measures of Information - The General Axiomatic Theory", RIRO, R2 (1969), p. 68.

[3] J. KAMPE DE FERIET et B. FORTE "Information et Probabilité" CRAS, Série A, tome 265 (1967); p. 142.

[4] B. FORTE "Measures of Information - The General Axiomatic Theory" RIRO, R2 (1969), p. 74.

[5] J. ACZEL"Lecture on Functional Equations and their Applications", Academic Press, New-York (1966), p. 312.

[6] P. BENVENUTI "Sulle soluzioni di un sistema di equazioni funzionali della teoria della informazione"
Rendiconti di Matematica, vol. 2, Serie VI, 1969, p. 108.

CONCENTRATION AND INFORMATION

W.Hengartner and R.Theodorescu*

Laval University

Section 1 of this paper is devoted to real numbers, called concentrations, which are associated with probability measures (p.m.'s), and which are used in handling convergence problems.
In Section 2 it is shown that, there exist information-theoretical concepts, a special case of which leads, at least formally, to a concentration (cn.).

1. CONVERGENCE CONCENTRATIONS

1.1. Certain convergence problems may be handled by using real numbers associated with p.m.'s ; these numbers are called cn.'s. For these problems they yield much the same properties as the concentration functions (cn.f.'s).

Suppose that λ is a p.m. on the BOREL sets $\mathcal{B}$ of the real axis R , absolutely continuous on R with respect to the LEBESGUE measure m , and such that the RADON-NYKODIM derivative $d\lambda/dm > 0$ on $(0,\alpha)$, for some $\alpha > 0$. Let h be a continuous mapping from $[0,1]$ to $[0,1]$ (1) satisfying the following conditions :

(h_1) for any sequence of characteristic functions (c.f.'s) $(\psi_n)_{n\in N^*}$, $N^* = \{1,2,\ldots\}$, we have $\int_R h(|\psi_n(t)|)d\lambda(t) \to 0$ or 1 if and only if (iff) $\int_R |\psi_n(t)|d\lambda(t) \to 0$ or 1 respectively :

(h_2) $h(0) = 0$, $h(1) = 1$. (2)

Examples of such functions are $h(x) = x^p$, $p > 0$ and any h such that $x^p \leq h(x) \leq x^q$, $p,q > 0$.

---

* Laval University,Department of Mathematics,Quebec,Canada,GIK 7P4.
(1) Any bounded interval $[\alpha,\beta]$ may, of course, be considered.
(2) This assumption does not lead to any loss of generality.

DEFINITION 1.1. The real number

$$q_\mu = \int_R h(|\psi_\mu(t)|)d\lambda(t) , \tag{1.1}$$

where ψ_μ is the c.f. of the p.m. μ , is called the <u>convergence cn. of</u> μ (<u>with respect to</u> λ <u>and</u> h).

1.2. The following theorem summarizes the main properties of q_μ.

THEOREM 1.2. <u>We have</u>

1° $0 < q_\mu \leq 1$;

2° $q_\mu = 1$ <u>iff</u> $\mu = \delta_{x_o}$ (1) ;

3° $q_\mu = q_{\mu_a} = q_{\tilde{\mu}}$ (2) ;

4° $q_{\mu_n} \to q$ <u>as</u> $n \to \infty$ <u>if</u> $\mu_n \xrightarrow{w} \mu$ <u>as</u> $n \to \infty$ (3) ;

5° $q_{\mu * \nu} \leq \min(q_\mu, q_\nu)$, <u>provided that</u> h <u>is</u> <u>increasing</u> ;

6° $q_{\mu_n} \to 0$ as $n \to \infty$ <u>iff</u> $Q_{\mu_n}(\ell) \to 0$ (4) <u>as</u> $n \to \infty$ <u>for every</u> $\ell > 0$;

7° $q_{\mu_n} \to 1$ <u>as</u> $n \to \infty$ <u>iff</u> μ_n <u>is weakly essentially convergent to</u> δ_o <u>as</u> $n \to \infty$,

8° $q_{\mu_{(n)}} \to q > 0$ <u>as</u> $n \to \infty$ <u>iff</u> $\mu_{(n)}$ <u>is weakly essentially convergent</u>.

<u>PROOF</u>. 1° There is always a neighbourhood of 0 in which $|\psi_\mu(t)| > 1 - \varepsilon$, $\varepsilon > 0$, and a neighbourhood of 0 in which $h(|\psi_\mu(t)|) > 1/2$; hence $\int_R h(|\psi_\mu(t)|)d\lambda(t) > 0$, so that $q_\mu > 0$. Next, it is easily seen that $q_\mu \leq 1$.

2° This property is mainly based on the fact that $|\psi_\mu(t)| \equiv 1$ m-a.s. in a neighbourhood of 0 iff $\mu = \delta_{x_o}$.

---

(1) δ_x is a p.m. concentrated at x .

(2) $\mu_a(A) = \mu(A-a)$, $\tilde{\mu}(A) = \mu(-A)$, $a \in R$, $A \in \mathcal{B}$.

(3) $\xrightarrow{w}$ denotes weak convergence.

(4) $Q_\mu(\ell) = \sup_{x \in R} \mu([x,x+\ell])$ if $\ell > 0$ and $Q_\mu(\ell) = 0$ if $\ell < 0$ is the LÉVY (1937,1954) cn.f. of μ .

3° , 4°, and 5° are straightforward consequences of the elementary properties of c.f.'s.

6° Suppose that $q_{\mu_n} \to 0$ as $n \to \infty$. According to ESSEEN (1968) (see also HENGARTNER and THEODORESCU (1973), formula (2.2.1))

$$Q_{\mu_n}(\ell) \leq A_2 \, \ell \int_{|t|\leq 1/\ell} |\psi(t)|dt$$

Now let ℓ_0 be large enough so that $1/\ell_0 < \alpha$; then we have

$$(1.2) \qquad Q_{\mu_n}(\ell_0) \leq A_2 \, \ell_0 \int_{|t|\leq \alpha} |\psi_{\mu_n}(t)|dt.$$

But we know that $\int_R h(|\psi_{\mu_n}(t)|)d\lambda(t) \to 0$ as $n \to \infty$, and by (h_1) this is true iff $\int_R |\psi_{\mu_n}(t)|d\lambda(t) \to 0$ as $n \to \infty$.

Moreover , $\int_0^\alpha |\psi_{\mu_n}(t)|dt \to 0$ as $n \to \infty$. Indeed, let g denote $d\lambda/dm$. Then $\int_0^\alpha |\psi_{\mu_n}(t)\, g(t)dt \to 0$ as $n \to \infty$. Set $E_k = \{t \in [0,\alpha) : g(t) > 1/k\}$; then $\bigcup_{m \in N^*} E_m = [0,\alpha)$.

Clearly $\int_{E_k} |\psi_{\mu_n}(t)|dt \leq k \int_{E_k} |\psi_{\mu_n}(t)|g(t)dt \to 0$ as $n \to \infty$.

Next , $\varepsilon > 0$ being given , let k_0 be chosen such that $m([0,\alpha)-E_k) < \varepsilon$ for $k>k_0$; then $\int_0^\alpha |\psi_{\mu_n}(t)|dt \leq \int_{E_k} |\psi_{\mu_n}(t)|dt + \varepsilon$.

Hence $\limsup_{n\to\infty} \int_0^\alpha |\psi_{\mu_n}(t)|dt < \varepsilon$ for every $\varepsilon > 0$. Since $|\psi_{\mu_n}(-t)| = |\psi_{\mu_n}(t)|$ for every $t \in R$, we conclude that $\int_{|t|\leq\alpha} |\psi_{\mu_n}(t)|dt \to 0$ as $n \to \infty$. Hence by (1.2) we obtain $Q_{\mu_n}(\ell_0) \to 0$ as $n \to \infty$; clearly , it follows that $Q_{\mu_n}(\ell) \to 0$ as $n \to\infty$ for every $\ell > 0$.

Conversely, suppose that for every $\ell > 0$ $Q_{\mu_n}(\ell) \to 0$ as $n\to\infty$. Since λ is absolutely continuous with respect to m^n we have $\psi_\mu(t)\to 0$ as $|t| \to \infty$ (cf. LUKACS (1970), p.19). For any $\varepsilon > 0$ there is a number $t_0 > 0$ such that $|\psi_\mu(t)| < \varepsilon$ if $|t| \geq t_0$. Now $q_{\mu_n} \to 0$ as $n \to \infty$ iff $\int_R |\psi_{\mu_n}(t)|^2 d\lambda(t) \to 0$ as $n \to \infty$. But

$$\int_R |\psi_{\mu_n}(t)|^2 d\lambda(t) = \iint_{R\times R} \psi_\lambda(x-y)\,d\mu_n(x)\,d\mu_n(y) \le$$

$$\le \iint_{|x-y|\le t_0} d\mu_n(x)\,d\mu_n(y) + \iint_{|x-y|>t_0} |\psi_\lambda(x-y)|\,d\mu_n(x)\,d\mu_n(y) \le$$

$$\le Q_{\mu_n}(t_0) + \varepsilon .$$

Therefore $\limsup_{n\to\infty} q_{\mu_n} \le \varepsilon$ for every $\varepsilon > 0$; hence $q_{\mu_n} \to 0$ as $n \to \infty$.

7° Suppose that $q_{\mu_n} \to 1$ as $n \to \infty$. Then $\int_R |\psi_{\mu_n}(t)|\,d\lambda(t) \to 1$ as $n \to \infty$; since λ is absolutely continuous on R with respect to m and $d\lambda/dm > 0$ in $(0,\alpha)$, we have $\int_0^\alpha (1 - |\psi_{\mu_n}(t)|)dt \to 0$ as $n \to \infty$, and

$$\int_0^\alpha (1 - |\psi_{\mu_n}(t)|^2)dt \le 2 \int_0^\alpha (1 - |\psi_{\mu_n}(t)|)dt \to 0$$

as $n \to \infty$. Let us show now that $\int_0^{2\alpha} (1 - |\psi_{\mu_n}(t)|^2)dt \to 0$ as $n \to \infty$. Indeed, by a simple property of the c.f.'s (see, e.g. , LUKACS (1970) p.56) we have

$$\int_0^{2\alpha} (1-|\psi_{\mu_n}(t)|^2)dt = 2\int_0^{\alpha} (1-|\psi_{\mu_n}(2t)|^2)dt \le 8\int_0^{\alpha} (1-|\psi_{\mu_n}(t)|^2)dt \to 0$$

as $n \to \infty$. Continuing this procedure, we conclude that $\int_0^{2^k\alpha} (1 - |\psi_{\mu_n}(t)|^2)dt \to 0$ as $n \to \infty$ for every $k \in N^*$. Since $1 - |\psi_{\mu_n}(t)|^2 \ge 0$ for all $t \in R$, we get

$$\int_0^T (1 - |\psi_{\mu_n}(t)|^2)dt \to 0 \tag{1.3}$$

as $n \to \infty$ for all $T > 0$.

Let us prove now that the distribution function (d.f.) , $F_n^{\,s} = F_n * \tilde{F}_n$, where $\tilde{F}_n(x) = 1 - F_n(-x-0)$, whose c.f. is $|\psi_{\mu_n}(t)|^2$ is weakly convergent to the degenerate d.f. H_0 as $n \to \infty$. Denote by G_n the convolution of $F_n^{\,s}$ with the normal d.f. $\Phi(0,\sigma^2;\cdot)$, $n \in N^*$, with a fixed $\sigma > 0$. Then G_n has the c.f. $|\psi_{\mu_n}(t)|^2\exp(-(1/2)\sigma^2t^2)$. Moreover , G_n is symmetric, so that $G_n(0) = 1/2$. If we use the classical inversion formula (see, e.g. LUKACS (1970),p.31), then

$$
\begin{aligned}
G_n(x) - 1/2 &= \pi^{-1} \int_0^\infty (\sin tx/t)|\psi_{\mu_n}(t)|^2 \exp(-(1/2)\sigma^2t^2)dt = \\
&= \pi^{-1} \int_0^\infty (\sin tx/t)\exp(-(1/2)\sigma^2t^2dt+\pi^{-1} \int_0^\infty (\sin tx/t). \\
&\quad (|\psi_{\mu_n}(t)|^2 - 1)\exp(-(1/2)\sigma^2t^2)dt = \\
&= \Phi(0,\sigma^2;x) - 1/2 + I_{n,\sigma}(x),
\end{aligned} \tag{1.4}
$$

where

$$I_{n,\sigma}(x) = \pi^{-1} \int_0^\infty (\sin tx/t)(|\psi_{\mu_n}(t)|^2 - 1)\exp(-(1/2)\sigma^2t^2)dt.$$

Let us evaluate $I_{n,\sigma}$. $\varepsilon > 0$ being given, choose $T_0 = T_0(\sigma,\varepsilon)$ such that $\int_{T_0}^\infty \exp(-(1/2)\sigma^2t^2)dt < \varepsilon/2$. Moreover, in virtue of (1.3) , for $n \geq n_0$ (σ,ε,x) , we have

$$
\begin{aligned}
&\left| \int_0^{T_0} (\sin tx/t)(|\psi_{\mu_n}(t)|^2 - 1) \exp(-(1/2)\sigma^2t^2)dt \right| \leq \\
&\leq |x| \int_0^{T_0} (1 - |\psi_{\mu_n}(t)|^2)dt < \varepsilon/2 .
\end{aligned}
$$

Thus $|I_{n,\sigma}| < \varepsilon$ and by (1.4) , $G_n \to \Phi(0,\sigma^2;\cdot)$ as $n \to \infty$ uniformly in any finite x-interval. Consequently $F_n^s \xrightarrow{w} H_0$ as $n \to \infty$ and (see, e.g., HENGARTNER and THEODORESCU (1973),Theorem 3.2.1) $Q_{F_n^s} \xrightarrow{w} H_0$ as $n \to \infty$. Since $Q_{\mu_n} = Q_{F_n} \geq Q_{F_n^s}$, we conclude that $Q_n \xrightarrow{w} H_0$ as $n \to \infty$, and (see, e.g., HENGARTNER and THEODORESCU (1973), Theorem 3.3.7) it follows that μ_n is weakly essentially convergent to δ_0 as $n \to \infty$.

Conversely, suppose that μ_n is weakly essentially convergent to δ_0 as $n \to \infty$. In other words, there exist constants a_n , $n \in N^*$, such that $\psi_{\mu_{n,a_n}}(t) \to 1$ as $n \to \infty$ for every $t \in R$. Therefore $\int_R h(|\psi_{\mu_{n,a_n}}(t)|)d\lambda(t) \to 1$ as $n \to \infty$, so that it follows from 3° that $q_{\mu_n} \to 1$ as $n \to \infty$.

8° By 5° we have $q_{\mu_{(n)}} \to 0$ as $n \to \infty$ iff $Q_{\mu_{(n)}}(\ell) \to 0$ as $n \to \infty$ for every $\ell > 0$, and this is true iff $\mu_{(n)}$ is weakly essentially convergent.

We note that an important special case of convergence cn. may be obtained by taking $h(x) = x^2$, $x \in [0,1]$, and $d\lambda(t) = dt/(1+t^2)$, $t \in R$.

Finally, we remark that Theorem 1.2 also holds in r-dimensional Euclidean space.

1.3. We shall now show how q_μ provides information about the discrete part of μ. With this intention, we put $h(x) = x^2$, $x \in [0,1]$ in (1.1). Next, consider a family of p.m.'s λ_τ, $\tau \in (0,\infty)$, having the properties mentioned at p.1, such that for every $t \in R$, $\psi_{\lambda_\tau}(t) \to \psi\ t)$ as $\tau \to 0$, where $\psi(t) = 1$ if $t = 0$ and $\psi(t) = 0$ if $t = 0$ and $\psi(t) = 0$ if $t \neq 0$. We now give an example. Suppose that the p.m. λ_τ, $\tau \in (0,\infty)$, is defined by its c.f. $\psi_{\lambda_\tau}(t) = \psi_\lambda(t/\tau)$, where λ is a p.m. with the properties described at p.1. By LUKACS (1970), p.19, we conclude that for these ψ_{λ_τ}'s we have for any $t \in R$, $\psi_{\lambda_\tau}(t) \to \psi(t)$ as $\tau \to 0$. As special case, take $\psi_\lambda(t) = \exp(-|t|)$, $t \in R$. If we suppose that λ has a finite variance $\sigma_\lambda^2 > 0$, then we may take $\tau = \sigma_\lambda/\sigma_{\lambda_\tau}$.

For every $\tau \in (0,\infty)$ set now

$$q_\mu = q_\mu(\tau) = \begin{cases} 0 & \text{if } \tau \leq 0, \\ \int_R |\psi_\mu(t)|^2 d\lambda_\tau(t) & \text{if } \tau > 0 \end{cases}$$

THEOREM 1.3. <u>We have</u>

$$\lim_{\tau \downarrow 0} q_\mu(\tau) = \sum_{x \in R} \mu^2(\{x\}) , \tag{1.5}$$

<u>where the summation on the right is to be taken over all mass points (atoms) of</u> μ.

<u>PROOF</u>. For every $\tau \in (0,\infty)$ we have

$$q_\mu(\tau) = \int_R |\psi_\mu(t)|^2 d\lambda_\tau(t) = \int_R \psi_{\lambda_\tau}(t)\, d\mu^s(t)$$

and letting $\tau \downarrow 0$ we get

$$\lim_{\tau \downarrow 0} q_\mu(\tau) = \int_R \psi(t) d\mu^s(t) = \iint_{R^2} \psi(x-y) d\mu(x) d\tilde{\mu}(y) = \sum_{x \in R} \mu^2(\{x\}).$$

i.e. (1.5).

We now indicate two special cases. The first is obtained by means of the uniform p.m., i.e., $d\lambda(t) = dt/2t$ if $|t| \leq T$ and $d\lambda(t) = 0$ if $|t| > T$; here $\tau = 1/T$ and Theorem 1.3 reduces to Theorem 3.3.4, LUKACS (1970), p.42. The latter is obtained by means of the standard normal p.m. whose c.f. is $\psi_\lambda(t) = \exp(-t^2/2)$, $t \in R$; here $\tau = 1/\sigma_{\lambda_\tau}$.

From Theorem 1.3 we get immediately the following

COROLLARY. <u>Suppose that</u> (i) ψ_{λ_τ} <u>is real-valued</u> (1);

(ii) $\psi_{\lambda_\tau}(t)$ <u>is nondecreasing with respect to</u> τ <u>for every</u> $t \in R$;

(iii) $\psi_{\lambda_\tau}(t) \to 1$ <u>as</u> $\tau \to \infty$ <u>for every</u> $t \in R$. <u>Then the left limit</u> q_μ^- <u>is a d.f.</u>

As examples take $\psi_\lambda(t) = \exp(-|t|)$, $t \in R$, or $\psi_\lambda(t) = \exp(-t^2/2)$, $t \in R$, and take $\psi_{\lambda_\tau}(t) = \psi_\lambda(t/\tau)$, $t \in R$, $\tau \in (0,\infty)$.

1.4. Let us indicate several complements.

1° Consider the quantity

$$\hat{\psi}_\mu(\tau) = \int_0^\tau \psi_\mu(t) dt = \int_R (\exp i\, \tau x - 1)/ix\, d\mu(x).$$

i.e., the <u>integral c.f.</u> (see, e.g. LOÈVE (1963), p.189). This integral is strongly related to convergence cn.'s defined by (1.1). In fact if μ is symmetric, then for every $\tau > 0$, $\tau^{-1} \hat{\psi}_\mu(\tau) = q_\mu$, when $h(x) = x^2$, $x \in [0,1]$, and, $d\lambda(t) = dt/\tau$ if $0 \leq t \leq \tau$ and $d\lambda(t) = 0$ otherwise. Moreover, $\tau^{-1} \hat{\psi}_\mu(\tau)$ is a c.f.

2° Let λ be a p.m. with the properties mentioned at p.1

---

(1) This is not an essential restriction because we can always go over to $\lambda^s = \lambda * \tilde{\lambda}$.

and set

$$\tilde{q}_\mu = \int_R |\mathrm{Re}\ \psi_\mu(t)|\,d\lambda(t) .$$

Then properties $1°$ - $4°$, $6°$ and $7°$ (for weak convergence even) of Theorem 1.2 hold true.

$3°$ Theorem 1.2 holds holds true for the quantity $\int_R Q_\mu(\ell)d\lambda(\ell)$, where λ is the same as in (1.1).

$4°$ Let us replace the p.m. λ in Definition 1.1 by an arbitrary nonnegative σ-finite measure on $\mathcal{B}$. In this case we must assume that the integral appearing in (1.1) exists and is finite.

Theorem 1.2 may be adapted under appropriate additional conditions. For instance, the first half of $1°$, $3°$, $5°$ and $8°$ remain valid. As an example, take as λ the LEBESGUE measure and $h(x) = x^2$; then (1.1) becomes

$$q_\mu = \int_R |\psi_\mu(t)|^2\, dt$$

and according to PLANCHEREL's theorem (see, e.g., LUKACS (1970),p.76) we get

$$q_\mu = \int_R f^2(x)\,dm(x) \quad , \tag{1.6}$$

where $f = d\mu/dm$.

$5°$ Suppose that we take in (1.1) $h(x) = -\log x$, $x \in [0,1]$, and $d\lambda(t) = dt/\tau$ if $0 \leq t \leq \tau$ and $d\lambda(t) = 0$ otherwise. This h does not satisfay all the conditions given on p.1 . The corresponding q_μ , i.e.

$$q_\mu = -\int_0^\tau \log |\psi_\mu(t)|\, dt \quad , \tag{1.7}$$

has a meaning only for those μ's whose c.f.'s are different from 0 m - a.s. on $(0,\tau)$. This explains why this q_μ yields only a part of the results listed in Theorem 1.2 (see, e.g., LUKACS (1970), p.167-169, and LINNIK (1962),p.54).

$6°$ The quantity $-\log q_\mu$, where q_μ is given (1.1), is called <u>degree of d.s. of</u> μ ; for $h(x) = x^2$, $x \in [0,1]$, and $d\lambda(t) = dt/(1+t^2)$, $t \in R$, it was considered by ITO (1942) (see also (1960), p.43, formula (11.1)).

2. INFORMATION-THEORETICAL CONCEPTS

2.1. Let φ be a continuous convex real-valued function defined on $(0,\infty)$. Expressions as $\varphi(0)$, $0\cdot\varphi(0/0)$, and $0\cdot\varphi(a/0)$, $a \in (0,\infty)$ are to be understood as $\lim_{x \to 0} \varphi(x)$, 0 , $\lim_{\varepsilon \downarrow 0} \varepsilon\varphi(a/\varepsilon) = a \lim_{u \to \infty} \varphi(u)/u$, respectively. Obviously $\varphi(0)$ and $0\cdot\varphi(a/0)$ could be equal to $+\infty$; $-\infty$ is however eliminated by convexity of φ .

Suppose that $\mu \ll \lambda$[1], $\nu \ll \lambda$, where μ and ν are p.m.'s and λ is a σ-finite measure on the measurable space (<u>input</u>) {X, ; we may take, e.g. , $\lambda = \mu + \nu$.

DEFINITION 2.1. The real number

$$I_\varphi(\mu,\nu) = \int_X v(x)\varphi(u(x)/v(x))\,d\lambda(x) \quad , \tag{2.1}$$

where $u = d\mu/d\lambda$ and $v = d\nu/d\lambda$ are finite and nonnegative, is called <u>φ-deviation of μ and ν</u> .

Note that $I_\varphi(\mu,\nu)$ does not depend on λ .

2.2. Let us indicate several special cases. We start with $\varphi(x) = x \ln x$; in this case we get <u>the relative information of μ and ν</u> , i.e.

$$I_{x \ln x}(\mu,\nu) = \int_X u(x) \ln(u(x)/v(x))\,d\lambda(x)$$

$$\tag{2.3} \begin{cases} \int_X (d\mu/d\nu)(x) \ln(d\mu/d\nu)(x)\,d\nu(x) & \\ \quad = \int_X \ln(d\mu/d\nu)(x)\,d\mu(x) & \text{if } \mu \ll \nu \\ \infty & \text{otherwise.} \end{cases}$$

<u>The relative information of order α of μ and ν</u> , $I_\alpha(\mu\|\nu)$, is obtained from $I_\varphi(\mu,\nu)$ if we take $\varphi(x) = -x^\alpha$ if $0 < \alpha < 1$ and $\varphi(x) = x^\alpha$ if $\alpha > 1$. Then

$$I_\alpha(\mu\|\nu) = (1-\alpha)^{-1} \ln| I_\alpha(\mu,\nu) \quad , \tag{2.4}$$

where $I_\alpha(\mu,\nu)$, <u>the generalized entropy of order α of μ and ν</u> , is $I_\varphi(\mu,\nu)$ for this special φ . Hence $I_\alpha(\mu\|\nu)$ is a non-decreasing

(1) $\ll$ means "absolutely continuous"

function of $I_{\alpha}(\mu,\nu)$. Moreover , $I_{x\,\ell n\,x}(\mu,\nu) = \lim_{\alpha \to 1} I_{\alpha}(\mu\|\nu)$, so that $I_{x\,\ell n\,x}(\mu,\nu)$ may be called <u>the relative information of order</u> 1 <u>of</u> μ <u>and</u> ν and denote it by $I_1(\mu\|\nu)$.

Take now $\alpha = 2$, $X = R$, and $\nu = m$; suppose also that $\mu << m$. Then $I_{x^2}(\mu,m)$ reduces to the quantity (1.6), i.e., to a cn.

The total variation of $\mu - \nu$ may also be expressed as a special φ-deviation. Namely, take $\varphi(x) = |x-1|$.

2.3. For the sake of simplicity , take $\{X,\mathfrak{X}\} = \{R,\mathfrak{B}\}$. We can define the following function on $(0,\infty)$.

$$(2.5) \qquad I_{\varphi}(\mu,\nu;\ell) = \sup_{x \in R} \int_{x}^{x+\ell} v(x)\varphi(u(x)/v(x))\,d\lambda(x) \quad ;$$

clearly, $I_{\varphi}(\mu,\nu;\infty) = I_{\varphi}(\mu,\nu)$. Moreover, if the quantity under the integral sign is nonnegative then this function may be extended to R by setting 0 for $\ell < 0$, and roughly speaking, it may be considered as a "cn.f." .

NOTES AND COMMENTS

Definition 1.1 and Theorem 1.2 are due to HENGARTNER and THEODORESCU (1972). They represent generalizations of the results of ITO (1942) (see also (1960), p.42-49) , who examined the special case described at the end of Paragraph 1.2. Theorem 1.3 and its corollary are due to HENGARTNER and THEODORESCU (1972).

The quantity (1.6) is to be found in GRENANDER (1963), p.75, and is called <u>(measure of) cn.</u> ; it is introduced with the aim to flatten out distributions over a locally compact commutative group via convolutions. However, the term of <u>informational energy</u> given by ONICESCU (1966) (see also PÉREZ (1967b), p.1342, formula (1.4)) seems more appropriate. The quantity (1.7) was considered by HINČIN functional; in a more general context, it was used by GRENANDER (1960), p.77 as <u>measure of ds</u>.

The φ-deviation of μ and ν , $I_{\varphi}(\mu,\nu)$, given by (2.1) was defined by CSISZÁR (1963) , who used it to give an information-theoretical proof for the ergodic theorem for MARKOV chains. The relative information (of order 1) of μ and ν , $I(\mu\|\nu)$, given by (2.3), was used by several authors under different names : <u>information for discremination</u> (KULLBACK and LEIBLER (1951)), <u>I-divergence</u> (RÉNYI (1961)), <u>gain of information</u> (PÉREZ (1957)), <u>generalized entropy</u> (PINSKER

(1960)). The relative information of order α of μ and ν , $I_\alpha(\mu\|\nu)$, given by (2.4) , as well as the generalized entropy of μ and ν , $I_\alpha(\mu,\nu)$, are to be found in RÉNYI (1961) (see also CSISZÁR (1962)). The quantity $I_{\chi^2}(\mu,m)$, identical to (1.6) , bridges between information-theoretical concepts and those described in Section 1 (see also SÂMBOAN and THEODORESCU (1968)).

For details on cn.f.'s and related notions, see the monograph HENGARTNER and THEODORESCU (1973).

Références :

CSISZAR I. - Informationstheoretische Konvergenzbegriffe im Raum der Wahrscheinlichkeitsverteilungen, Magyar Tud. Akad. Mat. Kut. Int. Kozl., 7, (1962), 137-158.

- Eine informationstheoretische Ungleichung und ihre Anwendung auf den Beweis der Ergodizität von Markoffschen Ketten, Publ. Math. Inst. Hung. Acad. Sci.,A8, 1963, 85-108.

ESSEEN C.G. - On the concentration function of a sum of independent random variables, Z. Wahrscheinlichkeitstheorie Verw. Gebiete, 9, 1968, 290-308.

GRENANDER U. - Probabilities on algebraic structures, Wiley, New-York 1963.

HENGARTNER W. , THEODORESCU R. - Concentration functions, Atti. Accad. Naz. Lincei, Rend. Cl. Sci. Fis. Mat. Natur., Ser.8, (1972).

- Concentration functions, Academic Press, New-York,1973.

HINCIN (KHINTCHINE) A. Ja. - Sur l'arithmétique des lois de distribution, Bull. Univ. Moscow, A1. 1, (1937), 6-17.

ITO K. - On stochastic processes, I. Jap. J. Math., 18, (1942), 261-301.

- Stochastic processes, Part. I, Izd. Innostrannoi lit., Moscow, 1960.

KULLBACK S., LEIBER R.A. - On information and sufficiency, Ann. Math. Statist., 22, (1951), 79-86.

LEVY P. - Théorie de l'addition des variables aléatoires, Gauthier-Villars, Paris, 1937. Idem. 2ème Edition, 1954.

LINNIK Ju. V. - Décompositions des lois de probabilités, Gauthier-Villars, Paris, 1962.

LOÈVE M. - Probability theory, 3rd Edition, Van Nostrand, New-York, 1963.

LUKACS E. - Characteristic functions, 2nd Edition, Griffin, London, 1970.

ONICESCU O. - Energie informationnelle, C.R. Acad. Sci. Paris, 263A, (1966), 841-842.

PÉREZ A. - Notions généralisées d'incertitude, d'entropie et d'information du point de vue de la théorie des martingales Trans. First Prague Conf., Information Theory, Statistical Decision Functions and Random Processes, Prague, 1956, 183-208, Publ. House Czech, Acad. Sci., Prague 1957.

- Sur l'énergie informationnelle de M. Octav Onicescu, Rev. Roumaine Math. Pures Appl., 12, (1967), 1341-1347.

PINSKER M.S. - Information and informational stability of random variables and of random processes, Izd. Akad. Nauk, SSSR, Moscow, 1960.

RÉNYI A. - On measures of entropy and information, Proc. 4th Berkeley Sympos. Math. Stat. Prob., I, 547-561, Univ. Calif. Press, Berkeley, 1961.

SÂMBOAN G., THEODORESCU R. - On the notion of concentration I, Elektron. Informationsverarbeit. Kybernetik, 4, (1968), 235-255.

SUR L'INFORMATION DE FISHER

Nand Lal AGGARWAL
Université de Besançon

Nous considérons dans cette note une généralisation $I_\Phi(1:2)$ de l'information de Kullback entre deux mesures de probabilité P_1 et P_2 définie à l'aide d'une fonction convexe Φ . Cela nous permettra de définir une information généralisée $I_\Phi(\theta)$ de Fisher pour une famille $\{f(w:\theta)\ ,\ \theta \in \Theta\}$ de densités de probabilité qui ne sont pas nécessairement différentiables par rapport au paramètre θ . Si cette famille satisfait aux "conditions de régularité" on peut obtenir directement l'information de Fisher à partir de l'information $I_\Phi(\theta)$. Ce travail généralise en partie les résultats de Kullback ([8] p.26) et de Kagan [7] .

I - INFORMATION GENERALISEE DE KULLBACK

Soit (Ω,S) un espace mesurable. Considérons deux mesures de probabilité P_1 et P_2 , et une mesure λ positive σ-finie sur S telles que :

$$P_1 \ll P_2 \ll \lambda$$
$$P_2 \ll P_1 \ll \lambda .$$

D'après le théorème de Radon-Nikodym il existe des fonctions f_i S-mesurables, uniques $[\lambda]$ et telles que :

$$0 \leq f_i = \frac{dP_i}{d\lambda} < +\infty \quad , \quad i = 1,2 .$$

Les f_i sont dites aussi "densités de probabilité".

Soit X une variable aléatoire à valeurs dans Ω . Si nous désignons par H_i l'hypothèse que P_i est la loi de X $(i=1,2)$, alors f_i est la densité de X par rapport à λ sous l'hypothèse H_i .

Soit Φ l'ensemble des fonctions convexes continues de $\mathbb{R}^+$ dans $\mathbb{R} \cup \{+\infty\}$.

<u>Définition</u> : Soit ϕ un élément de Φ . L'information de Kullback généralisée $I_\phi(1:2)$ permettant de faire la discrimination entre H_1 et H_2 sera définie par l'intégrale suivante, lorsque celle-ci a un sens :

$$(1) \qquad I_\phi(1:2) = \int_{\{f_2(\omega)>0\}} \phi\left(\frac{dP_1}{dP_2}\right) dP_2 \; ,$$

$$= \int_{\{f_2(\omega)>0\}} \phi\left(\frac{f_1(\omega)}{f_2(\omega)}\right) \cdot f_2(\omega)\, d\lambda(\omega) .$$

Par analogie, on peut définir :

$$(2) \qquad I_\phi(2:1) = \int_{\{f_1(\omega)>0\}} \phi\left(\frac{dP_2}{dP_1}\right) dP_1 \; .$$

Csiszar [3] [4] et Perez [9] ont introduit ce type de fonctions sous les noms "ϕ-divergence , ϕ-entropie" pour étudier des problèmes de décisions en statistique.

On sait que $I_\phi(1:2)$ est indépendant du choix de λ .

Si $\phi(t) = t \log t \quad t > 0$, on obtient :

$$(3) \qquad I_\phi(1:2) = \int_{\{f_2(\omega)>0\}} f_1(\omega) \operatorname{Log} \frac{f_1(\omega)}{f_2(\omega)}\, d\lambda(\omega) \; ;$$

qui est l'information de Kullback $I[1:2]$ [8] .

Si $\phi(t) = (1-t)^2 \quad t > 0$, on obtient d'autre part :

$$(4) \qquad I_\phi(1:2) = {}_{\{f_2(\omega)>0\}} \left[1 - \frac{f_1(\omega)}{f_2(\omega)}\right]^2 f_2(\omega)\, d\lambda(\omega) \; ;$$

qui est la W-divergence de Kagan $W(P_2:P_1)$ [7]

On peut considérer aussi :

$$\phi(t) = \frac{1-t}{1+t} \qquad t > 0 \; ,$$

qui définit une nouvelle classe d'information.

On remarque qu'en général :

$$I_{\phi}(1:2) \neq I_{\phi}(2:1)$$

L'information $I_{\phi}(1:2)$ possède les propriétés suivantes :

<u>Propriété 1</u> ([4],[12]) : $I_{\phi}(1:2) \geq \phi(1)$,

et $I_{\phi}(1:2) = \phi(1)$ si $P_1 = P_2$.

<u>Propriété 2</u> ([3],[4],[9]) : Soit a une sous-σ-algèbre de S telle que l'ensemble $\{f_2(\omega) > 0\}$ soit a-mesurable. Si on note P_1^a et P_2^a les restrictions à a de deux mesures P_1 et P_2 , et $I_{\phi}^a(1:2)$ l'information correspondante, alors

$$I_{\phi}(1:2) \leq I_{\phi}(1:2)$$

l'égalité ayant lieu si la σ-algèbre a est exhaustive (au sens de statistique) pour la famille $\{P_1,P_2\}$.

2 - INFORMATION GENERALISEE DE FISHER.

Soit $\hat{\mathcal{P}} = \{f(\omega;\theta),\theta \in \Theta\}$ une famille de lois de probabilités sur (Ω,S) définies par des densités $f(\omega;\theta)$ (dépendant du paramètre θ) par rapport à λ ; on supposera Θ un intervalle fini ou infini de $\mathbb{R}$.

On suppose $f(\omega;\theta) > 0$ p.p. L'information de Fisher $I_F(\theta)$ associée à la densité $f(\omega;\theta)$ est définie par :

$$I_F(\theta) = \int_{\{f(\omega;\theta)>o\}} \left\{ \frac{\partial f(\omega;\theta)}{\partial\theta} \right\}^2 \frac{1}{f(\omega;\theta)} d\lambda(\omega).$$

L'information de Fisher constitue le concept central de la théorie de l'estimation statistique et est liée à la précision de l'estimation du paramètre θ .

Soit ϕ une fonction convexe continue de $\mathbb{R}^+$ dans $\mathbb{R} \cup \{+\infty\}$. Posons alors :

$$I_{\phi}(\theta+\Delta\theta,\theta) = \int_{\{f(\omega;\theta)>o\}} \phi \left(\frac{f(\omega;\theta+\Delta\theta)}{f(\omega;\theta)} \right) f(\omega;\theta)d\lambda(\omega).$$

<u>Définition</u> : L'information de Fisher généralisée $I_{\phi}(\theta)$, associée à la densité $f(\omega;\theta)$, sera définie dans tous les cas où la limite ci-dessous existe, par :

(5) $$I_{\phi}(\theta) = \underset{\Delta\theta \to o}{\text{Lim.inf.}} \frac{1}{(\Delta\theta)^2} [I_{\phi}(\theta+\Delta\theta,\theta) - \phi(1)] .$$

$I_\phi(\theta)$ généralise l'information classique de Fisher $I_F(\theta)$ et est définie pour des densités de probabilité $f(\omega;\theta)$ qui ne sont pas nécessairement différentiables par rapport à θ. Si $f(\omega;\theta)$ est différentiable par rapport à θ et vérifie les "conditions de régularité" (définies plus loin), on obtient une relation entre $I_\phi(\theta)$ et $I_F(\theta)$.

Le résultat principal est donné par la proposition 3. Les propositions 1 et 2 précisent quelques propriétés de $I_\phi(\theta)$ qui sont analogues à celles de $I_F(\theta)$.

Proposition 1 : $I_\phi(\theta) \geq 0$.

La démonstration est évidente d'après la propriété 1 de $I_\phi(1:2)$. ■

Soit Y une variable aléatoire à valeurs dans Ω, absolument continue par rapport à λ, et de densité $f(\omega;\theta)$. Par définition l'information $I_\phi^{\,Y}(\theta)$ de Y sera l'information $I_\phi(\theta)$ associée à $f(\omega;\theta)$.

Proposition 2 : Soit T une application mesurable de Ω dans Ω, alors

$$I_\phi^Y(\theta) \geq I_\phi^T(\theta) ,$$

et il y a égalité si T est exhaustive pour $\theta \in \Theta$.

DEMONSTRATION. Soit a la σ-algèbre engendrée par T, alors $a \subset S$ et

$$I_\phi^T(\theta) = I_\phi^a(\theta) .$$

La proposition se déduit alors de la propriété 2 de $I_\phi(1:2)$ ■

Nous précisons les "conditions de régularité" qui seront utilisées dans les propositions 3 et 4.

Comme $f(\omega;\theta)$ est une densité de probabilité, on a :

$$\int f(\omega;\theta)\, d\lambda(\omega) = 1 . \tag{6}$$

Les conditions de régularité sont :

(i) L'ensemble $\Omega_\theta = \{\omega : \omega \in \Omega \text{ et } f(\omega;\theta) > 0\}$ est indépendant de θ.

(ii) $\frac{\partial f}{\partial \theta}$, $\frac{\partial^2 f}{\partial \theta^2}$ et $\frac{\partial^3 f}{\partial \theta^3}$ existent pour tout $\theta \in \Theta$.

(iii) (6) est dérivable au moins deux fois sous le signe $\int$ par rapport à θ.

Proposition 3 : Si $f(\omega;\theta)$ satisfait aux "conditions de régularité", et si $\phi(t)$ est trois fois dérivable par rapport à t au voisinage de 1 , alors

$$I_\phi(\theta) = \frac{\phi''(1)}{2} I_F(\theta) .$$

DEMONSTRATION. Supposons $f(\omega;\theta) > 0$, alors $\frac{1}{f(\omega;\theta)}$ existe partout.

Par le développement de Taylor on a :

$$f(\omega;\theta+\Delta\theta) = f(\omega;\theta) + \Delta\theta \frac{\partial f}{\partial\theta} + \frac{(\Delta\theta)^2}{2} \frac{\partial^2 f}{\partial\theta^2} + 0(\Delta\theta)^3$$

D'où :

$$\frac{f(\omega;\theta+\Delta\theta)}{f(\omega;\theta)} = 1 + u$$

avec

$$u = \frac{\Delta\theta}{f} \frac{\partial f}{\partial\theta} + \frac{(\Delta\theta)^2}{2f} \frac{\partial^2 f}{\partial\theta^2} + \frac{0(\Delta\theta)^3}{f} .$$

Alors :

$$\phi\left(\frac{f(\omega;\theta+\Delta\theta)}{f(\omega;\theta)} \right) = \phi(1+u)$$

$$= \phi(1) + u\phi'(1) + \frac{u^2}{2} \phi''(1) + 0(u^3) ,$$

Donc :

$$I_\phi(\theta+\Delta\theta,\theta) = \int_{\{f(\omega;\theta)>o\}} \phi(1+u) f(\omega;\theta) d\lambda(\omega) ,$$

$$= \int [\phi(1) + u \phi'(1) + \frac{u^2}{2} \phi''(1) + 0(u^3)] f(\omega;\theta) d\lambda(\omega)$$

$$= \phi(1) + \phi'(1) \int [\Delta\theta \frac{\partial f}{\partial\theta} + \frac{(\Delta\theta)^2}{2} \frac{\partial^2 f}{\partial\theta^2} + 0(\Delta\theta)^3] d\lambda(\omega)$$

$$+ \frac{\phi''(1)}{2} \int \{ \frac{\Delta\theta}{f} \frac{\partial}{\partial\theta} \}^2 f(\omega;\theta) d\lambda(\omega) + 0(\Delta\theta)^3 .$$

Mais comme $f(\omega;\theta)$ satisfait aux "conditions de régularité", on a :

$$\int \frac{\partial f}{\partial\theta} d\lambda(\omega) = 0 , \int \frac{\partial^2 f}{\partial\theta^2} d\lambda(\omega) = 0 .$$

D'où :

$$\frac{I_\phi(\theta+\Delta\theta,\theta) - \phi(1)}{(\Delta\phi)^2} = \frac{\phi''(1)}{2} \int_{\{f(\omega;\theta)>o\}} \frac{1}{f}\{\frac{\partial f}{\partial\theta}\}^2 d\lambda(\omega) + 0(\Delta\theta).$$

Quand $\Delta\theta \to 0$, on obtient :

$$I_\phi(\theta) = \frac{\phi''(1)}{2} \int_{\{f(\omega;\theta)>o\}} \frac{1}{f} \{ \frac{\partial f}{\partial\theta} \}^2 d\lambda(\omega) ,$$

$$= \frac{\phi''(1)}{2} I_F(\theta) ,$$

ce qui établit la proposition. ∎

Remarque : Si $I_\phi(\theta+\Delta\theta,\theta) = \phi(1) + 0(\Delta\theta)^\ell \; \ell > 2$, on a : $I_\phi(\theta) = 0$.

Si $\phi(t) = (1-t)^2 \quad t > 0$, on a : $\phi(1) = 0$, $\phi''(1) = 2$; donc

$$I_\phi(\theta) = I_F(\theta) .$$

On retrouve le résultat de Kagan [7] , déjà indiqué implicitement dans [1] .

Si $\phi(t) = t \operatorname{Log} t \quad t > 0$, on a : $\phi(1) = 0$, $\phi''(1) = 1$;

donc

$$I_\phi(\theta) = \frac{I_F(\theta)}{2} .$$

On retrouve alors le résultat de Kullback ([8] , p.26).

Si $\phi(t) = \frac{1-t}{1+t} \quad t > 0$, on a : $\phi(1) = 0$, $\phi''(1) = \frac{1}{2}$; donc

$$I_\phi(\theta) = \frac{I_F(\theta)}{4} .$$

<u>Proposition 4</u> : Si $f(\omega;\theta)$ satisfait aux "conditions de régularité" et si $\phi(t)$ est trois fois dérivable par rapport à t au voisinage de 1, alors

$$I_F(\theta) = \frac{1}{\phi''(1)} \cdot J_\phi(\theta)$$

où

$$J_\phi(\theta) = \operatorname*{Lim.inf.}_{\Delta\theta \to o} \frac{1}{(\Delta\theta)^2} [I_\phi(\theta+\Delta\theta,\theta) + I_\phi(\theta,\theta+\Delta\theta) - 2\phi(1)] .$$

La démonstration est analogue à celle de la proposition 3 . ∎

<u>Références</u> :

[1] CHAPMAN D.G., ROBBINS H. - Minimum variance estimation without regularity assumptions, <u>Ann. Math. Statist.</u> 22, (1951) 581-586.

[2] CRAMÉR H. - <u>Mathematical methods of statistics</u>, Princeton University Press, Princeton, 1946.

[3] CSISZÁR I. - Fine informations-theoretische Unggleichung und ihre Anwendung auf den Beweis der Ergodizital von Markofschen Ketten, <u>Publications of the mathematical Institute of Hungarian Academy of Sciences</u>, 8 , Series A, Fasc. 1-2, (1963), 85-108.

[4] CSISZÁR I. - Information-type measures of difference of probability distributions and indirect observations, <u>Studia Sci. Math. Hungar</u>, 2 , 1967, 299-318.

[5] FORTET R., MOURIER E. - Les fonctions aléatoires comme éléments aléatoires dans un espace de Banach, J. Math. Pures Appl. 38 , 1959, 347-364.

[6] HALMOS P.R., SAVAGE L.J. - Applications of the Radon-Nikodym theorem to the theory of sufficient statistics, Ann. Math. Statist., 20 , (1949),225-241.

[7] KAGAN A.M. - On the theory of Fisher's amount of information, Soviet Math. Dokl., 4, (1963), 991-993.

[8] KULLBACK S. - Information theory and statistics, John Wiley & Sons, London, 1959.

[9] PEREZ A. - Risk estimates in term of generalised f-entropies, *in* Proc. Coll. Information Theory, Debrecen Hungary, 299-315. Janos Bolyai Mathematical Society Budapest, Hungary, 1968.

BREF COMPTE RENDU DES RESULTATS LIES AU PROBLEME DE LA COMPARAISON DES BRUITS ADDITIFS AVEC UN NOMBRE DONNE DE COMBINAISONS DE BRUITS

Mikhail DEZA
Centre National de la Recherche Scientifique - Paris

The values emerging from the following study provide an essential and exhaustive mean of information on the detection or effective correction of an additional noise of which only the componants are known.

Ci-contre on trouve des ordres de valeur, dont la connaissance garantit une information exhaustive sur les possibilités de détection ou de correction effectives d'un bruit additif dont seul le nombre d'éléments est connu. On examine les bruits les pires et les bruits les meilleurs qui réalisent ces valeurs. C'est le cas binaire qui est le plus complètement étudié. Dans ce cas, on examine aussi la correction de bruits de forme spéciale.

En liaison avec les plus récentes recherches théoriques et l'étude expérimentale des bruits, on peut attendre un accroissement de l'intérêt pour le problème de la lutte contre les bruits de toutes les structures possibles (en utilisant des codes correcteurs ou détecteurs). En particulier, apparaît le problème de la comparaison des bruits.

Une théorie qualitative des bruits permettrait par exemple

a) en majorant un bruit donné par des bruits standards, de construire des codes optimaux, à l'aide desquels sont corrigées ou détectées les erreurs possibles dans les conditions d'un bruit donné,

b) de trouver une bonne stratégie dans une situation possible de jeu avec un adversaire actif utilisant des bruits artificiels.

Ce travail contient les résultats (sans preuves) inclus dans un ouvrage en préparation intitulé "Codage dans les conditions d'un bruit additif arbitraire". Une partie de ces résultats accompagnés de preuves a été publiée en russe ([6],[7] .

Examinons l'énoncé d'un problème :

Désignons par R(A,L) un canal de liaison,à l'entrée et à la sortie duquel,seuls les éléments d'un p-groupe fixe abélien fini L arrivent. Si un élément b arrive à l'entrée, alors un élément de l'ensemble b+A arrive à la sortie, où A est un sous-ensemble fixe de groupe L . L'ensemble A est dit <u>bruit additif</u> ou <u>bruit</u> tout court, puisque, par la suite, seuls les bruits additifs sont envisagés. Si seuls les éléments d'un sous-ensemble non-vide B de groupe L arrivent à l'entrée du canal, nous appellerons <u>code</u> l'ensemble B . Supposons que pour tout élément b du code B les ensembles b+A et $B \setminus \{b\}$ sont disjoints. Alors le code B est dit <u>code qui détecte</u> un bruit A , puisque, pour ce qui concerne tout élément u qui arrive à la sortie du canal, on peut établir s'il est le résultat de l'altération d'un signal parvenant à l'entrée ou non. Notamment, u est un signal régulièrement transmis si et seulement si $u \in B$. On désigne par D(A) tout code qui détecte le bruit A et contient un nombre maximum d'éléments, et on l'appelle <u>code maximum qui détecte</u> un bruit A . Supposons maintenant que $|B| = 1$ ou que pour tous les différents éléments b_1 , b_2 du code B , les ensembles $b_1 + A$ et $b_2 + A$ sont disjoints. Alors le code B est dit <u>code corrigeant</u> un bruit A , puisque, par rapport à tout élément u qui arrive à la sortie du canal, on peut définir le signal b qui est arrivé à l'entrée et qui est parvenu à la sortie sous forme de signal u . Notamment, b est un élément et le seul élément du code B , pour lequel $u \in b+A$. Tout code corrigeant le bruit A et contenant un nombre maximum d'éléments est désigné par C(A) et appelé <u>code maximum corrigeant</u> le bruit A . Puisque L est un groupe fini, on peut toujours trouver les codes D(A) et C(A) en essayant tous les sous-ensembles du groupe L . Le problème du codage dans les conditions d'un bruit additif se réduit à la recherche d'un algorithme plus court que la méthode d'investigation exhaustive de tous les codes, algorithme de construction des codes D(A) et C(A) pour tout sous-ensemble A de tout groupe L . Quand on utilise les codes D(A) et C(A) dans le canal R(A,L), on obtient :

a) une sécurité de transmission d'information qui est définie, respectivement, comme la détection ou la correction du bruit A par le code ;

b) une vitesse maximum de transmission d'information sous condition de sécurité définie comme une dimension du code.

Le problème du codage par un canal $R(H_t,F_2^n)$ est un cas particulier très important du problème de codage dans les conditions d'un bruit additif; notamment, $L = F_2^n$ où F_2^n est le groupe de toutes les suites binaires d'une longueur fixe n et $A = H_t$, où H_t est l'ensemble de toutes les suites binaires de longueur n, contenant au plus t unités; t est un nombre entier de l'intervalle $[1,n]$. Ce problème n'a pas encore reçu de solution définitive, bien que plus de la moitié de la littérature concernant la théorie algébrique des codes lui soit consacrée. C'est pourquoi le présent travail n'est pas consacré à l'extension des canaux $R(A,L)$ des résultats obtenus par les canaux $R(H_t,F_2^n)$, mais à un problème spécifique qui surgit en même temps que le problème général du codage pour les canaux $R(A,L)$, la comparaison des bruits.

Désignons par $|K|$ le nombre des éléments de n'importe quel sous-ensemble fixé K du groupe L. Soit m un entier fixe, $1 \leq m \leq |L|$. On considère en qualité de famille de bruits comparables l'ensemble W_m de tous les sous-ensembles de groupe L contenant m éléments. Les bruits de la famille W_m se comparent d'après le nombre d'éléments des codes maximaux qui les détectent ou les corrigent. Soit A n'importe quel élément de la famile W_m. Introduisons les notations suivantes:

$$D_{p.}(m) = \min|D(A)|; \qquad D_{m.}(m) = \max|D(A)|;$$
$$C_{p.}(m) = \min|C(A)|; \qquad C_{m.}(m) = \max|C(A)|.$$

Les éléments A_1, A_2, A_3, A_4 de la famille W_m sont dits respectivement, <u>m-pire pour détection</u>, <u>m-meilleur pour détection</u>, <u>m-pire pour correction</u>, <u>m-meilleur pour correction</u>, si :

$$|D(A_1)| = D_{p.}(m) \;;\; |D(A_2)| = D_{m.}(m) \;;\; |C(A_3)| = C_{p.}(m) \;;\; |C(A_4)| = C_{m.}(m).$$

Désignons par $\hat{D}(A)$, $\hat{C}(A)$, les sous-groupes maximum du groupe L respectivement détectant et corrigeant le bruit A. Si A est un élément de la famille W_m, nous introduisons les notations suivantes :

$$\hat{D}_{p.}(m) = \min|\hat{D}(A)| \;; \qquad \hat{D}_{m.}(m) = \max|\hat{D}(A)| \;;$$
$$\hat{C}_{p.}(m) = \min|\hat{C}(A)| \;; \qquad \hat{C}_{m.}(m) = \max|\hat{C}(A)| \;.$$

On démontre les théorèmes 1-4, dans lesquels, pour les nombres $C_{m.}(m)$, $D_{m.}(m)$, $C_{p.}(m)$, $D_{p.}(m)$ sont obtenus par les estimations suivantes :

$$\frac{1}{5} \cdot \frac{|L|}{m} < C_{m.}(m) \leq \frac{|L|}{m} ,$$

$$\frac{3}{p+4} (|L| - m+1) < D_{m.}(m) \leq |L| - m+1 ,$$

$$\frac{|L|}{m^2} < C_{p.}(m) < \max(1,(p+1)^2 \frac{|L|}{m^2}) ,$$

$$\frac{1}{2} \cdot \frac{|L|}{m} < D_{p.}(m) < 2 \cdot \frac{|L|}{m} ,$$

Les estimations obtenues sont presque atteintes ; l'existence de ces bruits est est prouvée par leur construction et la construction des codes correspondants.

En outre, on montre dans les théorèmes 1, 2, que

$$\hat{C}_{m.}(m) = f(\frac{|L|}{m}) \quad \text{et} \quad \hat{D}_{m.}(m) = f(|L| - m+1) ,$$

où $f(k)$ pour tout k, , $1 \leq k \leq |L|$, est le plus grand des diviseurs du nombre $|L|$ qui sont $\leq k$.

On montre ensuite que parmi les bruits qui réalisent les nombres $C_{m.}(m)$, $D_{m.}(m)$, $C_{p.}(m)$, $D_{p.}(m)$, il existe des bruits d'une nature très spéciale. Désignons par r le nombre de générateurs du groupe L. On dit que l'ensemble K <u>bloque</u> un sous-groupe L_1 du groupe L , si l'ensemble K contient au moins un élément non-nul de chaque sous-groupe cyclique d'ordre premier du groupe L_1 . On démontre les théorèmes suivants :

<u>THEOREME 5</u> . <u>Si</u> $m-1 \geq r$, <u>il existe un bruit</u> $\bar{A}_1$, <u>m-meilleur pour correction et qui n'est pas le sous-ensemble d'aucun des propres sous-groupes du groupe</u> L . <u>Si</u> $m-1 < r$, <u>l'un des bruits m-meilleur pour correction est un ensemble qui est formé d'un zéro du groupe</u> L <u>et de</u> $m-1$ <u>générateurs d'un sous-groupe du groupe</u> L .

<u>THEOREME 6</u> . <u>Il existe un bruit</u> $\bar{A}_2$ <u>qui n'est pas un sous-ensemble d'aucun des propres sous-groupes du groupe</u> L <u>et tel que</u> $|\bar{A}_2| \geq m$ <u>et</u>

$|D(\bar{A}_2)| = D_{m.}(m)$.

Si $D_{m.}(m+1) < D_{m.}(m)$, n'importe quel m-bruit meilleur pour détection contient un système de générateurs du groupe L .

THEOREME 7 . Pour un sous-groupe L'_m du groupe L il existe un bruit $\bar{A}_3$ m-pire pour correction tel que $\bar{A}_3 \subset L'_m$ et que l'ensemble $\bar{A}_3 - \bar{A}_3$ bloque le sous-groupe L'_m .

THEOREME 8 . Pour un groupe L''_m de groupe L il existe un bruit $\bar{A}_4$ tel que $\bar{A}_4 \subset L''_m$, $|\bar{A}_4| \geq m$, $|D(\bar{A}_4)| = D_{p.}(m)$, $\bar{A}_4$ bloque L''_m.

Si $D_{p.}(m-1) > D_{p.}(m)$, n'importe quel m-bruit pire pour détection A possède la propriété $\hat{D}(A) = \hat{C}(A)$.

Désignons par P_{1m} un diviseur maximum parmi les diviseurs q du nombre $|L|$ pour lesquels il existe un ensemble T tel que $|T| \leq m$ et que l'ensemble T bloque un sous-groupe d'ordre q de L. Désignons par P_{2m} le diviseur maximum des diviseurs q du nombre $|L|$, pour lesquels il existe un ensemble T tel que $|T| \leq m$ et que l'ensemble $T-T$ bloque un sous-groupe d'ordre q du groupe L . Dans le théorème 9 on démontre que :

$$\hat{D}_{p.}(m) = \frac{|L|}{P_{1m}} \quad \text{et} \quad \hat{C}_{p.}(m) = \frac{|L|}{P_{2m}} .$$

Envisageons maintenant la structure de l'ensemble minimum T tel que l'ensemble $T-T$ bloque le groupe L (sa définition permettrait de construire les bruits pires pour correction ; de plus, pour le calcul de la fonction $C_{p.}(m)$ il est indispensable de connaître le nombre $|T|$). Pour n'importe quel ensemble $T_1, T_1 \subset T$, désignons par $\|T\|$ le nombre de sous-groupes cycliques d'ordre premier du groupe L se recoupant seulement à zéro avec l'ensemble $T \setminus T_1 - T \setminus T_1$ (il est évident que $\|T_1\| = |L| - |T \setminus T_1 - T \setminus T_1|$ pour $L = F_2^n$). La répartition du nombre $\|T_1\|$ dans les sous-ensembles T_1 s'estime ainsi :

THEOREME 10 : Si $0 \notin T_1 \subset T$, alors $\|T_1\| \geq 2|T_1| - 1$.

Pour le cas spécial $L = F_2^n$, très important pour les applications (c'est-à-dire que pour un groupe initial L on prend l'ensemble de toutes les suites binaires de longueur fixe n) on montre dans les théorèmes 11-13 que

$$D_{m.}(m) = \hat{D}_{m.}(m) = 2^{[\mathrm{Log}_2(2^n - m+1)]} ,$$

$$D_{p.}(m) = \hat{D}_{p.}(m) = 2^{n-[\mathrm{Log}_2 m]} ,$$

$$2^{[\mathrm{Log}_2 \frac{2^n}{m}]} = \hat{C}_{m.}(m) \leq C_{m.}(m) \leq \frac{2^n}{m} ,$$

$$2 \cdot \frac{2^n}{m^2} < \hat{C}_{p.}(m) = C_{p.}(m) \leq 9 \cdot \frac{2^n}{m^2} \quad (1 < m < 3 \cdot 2^{(n-1)/2}).$$

A l'aide de ces quatre relations et de constructions directes on obtient pour les groupes F_2^n , où $n \leq 5$, les nombres $C_{m.}(m)$, $D_{m.}(m)$, $C_{p.}(m)$, $D_{p.}(m)$ pour tout m , $1 \leq m \leq 2^n$.

Les formules obtenues dans les théorèmes 11-13 permettent d'établir l'analogie suivante avec le problème bien connu (cf. [1]) du calcul du nombre $w(n,k)$, du poids maximal minimal des bruits, détectés ou corrigés par un sous-groupe fixé d'ordre 2^k du groupe F_2^n .

Précisément, n'importe quel sous-groupe d'ordre 2^k du groupe F_2^n possède la propriété suivante :

a) il détecte un bruit de $2^n - 2^k + 1$ éléments et ne détecte pas tout bruit avec un nombre supérieur d'éléments.

b) il est un code de groupe maximal détecteur pour un bruit de 2^{n-k} éléments et ne l'est pas pour tout bruit avec un nombre inférieur d'éléments.

c) il corrige un bruit de 2^{n-k} et ne corrige pas tout bruit avec un nombre supérieur d'éléments.

d) il est un code de groupe maximal correcteur pour un bruit de q éléments et ne l'est pas pour tout bruit avec un nombre inférieur d'éléments (q est le plus petit des nombres pour lesquels il existe un q-sous-ensemble T du groupe F_2^{n-k} , tel que $T+T = F_2^{n-k}$; on sait que

$$2^{\frac{n-k+1}{2}} \leq q \leq \frac{3}{2}\, 2^{\frac{n-k+1}{2}}) .$$

Ajoutons que les codes maximaux pour bruits extrêmaux mentionnés dans a), b), d) sont des groupes.

Enfin, on démontre le théorème suivant consacré à la correction des bruits de nature spéciale dans le groupe F_2^n .

THEOREME 14 . Soit $A = G_1 \cup G_2 \cup A_1$ où $G_1 \cap G_2 = G_1 \cap A_1 = G_2 \cap A_1 = \{0\}$ et G_1 , G_2 sont les sous-groupes du groupe F_2^n d'ordres 2^{m_1} , 2^{m_2} respectivement. Alors $|C(A)| = 2^{n-m_1-m_2}$ dans n'importe lequel des cas suivants :

1) $A_1 \subset G_1 + G_2$,

2) le rang de l'ensemble A_1 est au plus égal au nombre $\min(m_1,m_2)$,

3) il existe des sous-groupes G_3, G_4 du groupe F_2^n d'ordres 2^{m_3} , 2^{m_4} respectivement , tels que $A_1 \subset (G_3 \cup G_4)$, les groupes G_3 , G_4 sont indépendants et $\max(m_3,m_4) < \min(m_1,m_2)$,

4) il existe des sous-groupes $G_3, \ldots, G_t$ du groupe F_2^n tels que $A_1 \subset \bigcup_{i=3}^{t} G_i$, les groupes $G_1, G_2, G_3, \ldots, G_t$ sont indépendants et ont un ordre identique qui est au moins égal au nombre $t-1$.

A ce propos, le point 4) du théorème 14 est une autre formulation de l'affirmation (cf. l'article [5] D.K.Roy-Chouhuri) de l'existence d'un système sûr d'ordre 1 avec réservation 2 pour t-2 fonctions.

Références :

[1] Berlekamp E.R. : Algebraic Coding Theory, New-York-Toronto-London-Sidney, Mc Graw-Hill Book Company, 1968.

[2] Hall M. : The theory of groups, The Macmillan Company, New-York, 1959.

[3] Hall M. : Combinatorial Theory, Waltham (Massachusetts)-Toronto-London, Blaisdell Publishing Company,1967.

[4] Peterson W.W. : Error-correcting codes, New-York-London, The M.I.T. Press, 1961.

[5] Roy-Choudhuri D.K. : On the construction of Minimally Redundant Reliable System Designs, Bell Syst. Tech. J.,40, N°2, (1961),595-611.

[6] Deza M.E. : Correction d'un bruit arbitraire et du bruit pire, Problemy peredatchi informatssi (en russe),4 , (1964), 26-31.

[7] Deza M.E. : Comparaison des bruits additifs arbitraires selon l'efficacité de leur détection et correction, Problemy peredatchi informatssi (en russe), 3 , (1965) , 29-38.

AXIOMATIQUE ET SYSTEMATIQUE

DES QUESTIONNAIRES

Sylvette Petolla et Claude-François Picard - Paris

1. INTRODUCTION

A l'heure où commencent à se développer diverses branches - théories des algorithmes, de la programmation, de la sémantique - qui constituent quelques unes des démarches les plus connues permettant de construire ce qu'on appelle en général "informatique théorique", il semble qu'un courant échappe à cette classification. Malgré la filiation terminologique il y a bien des écarts entre information et informatique, mais il nous semble relever d'une réelle irrationalité que la théorie de l'information - ou tout au moins certains de ses aspects - ne soit pas considérée par tous les chercheurs comme un des chapitres de base de l'informatique théorique. Sans vouloir imposer la théorie de l'information comme pilier central de cette discipline, il est de première importance dans un Colloque sur la Théorie de l'Information de dégager la voie informatique. L'originalité de l'informatique consiste en la manipulation de données et en la modification des structures établies permettant, selon une expression d'Arsac [4] de passer d'un ensemble primaire de connaissances à un ensemble secondaire de connaissances. Nous dirons que l'ensemble secondaire est davantage structuré que le primaire.

Historiquement, la théorie de l'information a pris naissance dans le cadre de la communication de sorte qu'un canal de transmission de l'information est en fait un schéma modélisant une ligne de communication. De même nous utilisons les questionnaires comme un modèle de canal de traitement de l'information pour schématiser les processus de traitement.

La problématique essentielle des questionnaires consiste précisément en une structuration de l'ensemble des données de départ résultant de la situation (c'est un certain ensemble de connaissances). Lorsque les structures cherchées ont été obtenues, on peut décoder pour obtenir l'ensemble de connaissances qui est plus structuré qu'avant traitement. Les opérations de codage et décodage traduisent un aspect sémantique dont l'importance n'est pas mineure. Sinon tous les questionnaires seraient par exemple du type "à proportionnalité des flux" selon notre terminologie (Graphes et Questionnaires [42] §§ 8.3.2., 8.4.3. et 8.4.4.) - mais il est tout à fait remarquable de noter que la possibilité d'attacher une valeur d'information locale à chaque sommet d'un questionnaire, représentant une certaine phase d'un algorithme est indispensable à la description cohérente du traitement de l'information.On part d'une situation initiale d'incertitude où on ne sait quel événement , parmi un nombre généralement fini, va se produire. Tout se passe comme si l'expérience ou le calcul - formalisé par un questionnaire - consistait à découvrir l'événement réalisé. On considère alors l'information initiale, nulle, relative à ces événements possibles et l'information à transmettre , obtenue par chacun des événements élémentaires réalisés. On montre que si le processus d'interrogation utilisé est direct (réponses fiables: un"oui"est un"oui") l'information transmise par le questionnaire, c'est-à-dire l'information obtenue en moyenne à la sortie du processus , est toujours égale à l'information à transmettre. Cependant l'information effectivement traitée est au moins égale à l'information à transmettre ; il y a égalité si et seulement si le questionnaire est arborescent . La théorie montre que tout programme est associable à un questionnaire (à nombre de sorties infini dans le cas, général, où le programme admet des circuits, ou boucles) et qu'en général l'information traitée est supérieure à l'information transmise. La perte d'efficacité d'un programme est alors directement liée à l'écart entre les informations traitée et transmise et l'optimisation - en un certain sens - d'un questionnaire conduit à une meilleure efficacité d'un programme.

Lorsque le processus d'interrogation qu'il est possible de réaliser n'est pas totalement fiable (un"oui"a une probabilité p d'être un"oui"et une probabilité 1-p d'être un"non") alors,même si le processus - qualifié de pseudoquestionnaire - reste de type arborescent , l'information transmise est au plus égale à l'information à transmettre: la perte d'information peut être réduite à zéro lorsque certaines conditions, assez souvent rencontrées en pratique, sont réalisées [56] .

Les fonctionnelles que sont les longueurs et informations permettent d'établir une hiérarchie des questionnaires et donc elles conduisent à une optimisation selon certains critères . Cette étude vise essentiellement à rassembler en une présentation unique et synthétique les travaux de base sur les questionnaires et à dégager systématiquement les problèmes théoriques posés dans les développements les plus récents. Cependant on ne traitera pas ici des hémiquestionnaires considérés par B.Bouchon au présent colloque [8] .

2. DEFINITIONS

Première approche de la notion de questionnaire :

Un questionnaire est un graphe valué sans circuit ayant :

1/ un sommet sans ascendant : la racine, qui constitue l'entrée,

2/ des sommets sans descendant , qui constituent la sortie.

Entre l'entrée et la sortie, il se traite une certaine information. La valuation peut se faire de diverses manières, flux sur les arcs ou poids sur les sommets.

Un des problèmes fondamentaux des questionnaires concerne le cheminement entre la racine et les réponses. Comment minimiser l'espérance mathématique de la longueur (pondérée par une certaine valuation) des chemins unissant la racine aux réponses ? Le problème de minimisation ne se résout pas sur un graphe à support constant, comme dans les problèmes de flots, mais il s'agit de déterminer un graphe optimal dans une famille de graphes ayant en commun par exemple le nombre de sorties et leurs valuations.

Définition.

Un questionnaire est un graphe valué, quasi-fortement connexe inférieurement

$$Q = (X,\Gamma,P_\Gamma)$$

tel que l'ensemble des sommets X admet la partition $X = E \cup F$, où E est l'ensemble des réponses (sommets terminaux) et F l'ensemble des sommets non terminaux, appelés questions, et tel que les axiomes suivants soient vérifiés :

(q_1) (X,Γ) est un graphe sans circuit

(q_2) (X,Γ) est un graphe fini

(q_3) aucun sommet de X n'est origine d'un seul arc

(q_4) il existe une application P_Γ de l'ensemble des arcs Γ dans l'intervalle $]0,1[$ telle que

$$\sum_{j\in\Gamma i} p(i,j) = \sum_{h\in\Gamma^{-1}j} p(h,i) \qquad \forall\, i \in F$$

pour tout $i \in F$ tel que $\Gamma^{-1}i \neq \emptyset$.

(q_5) cette application P_Γ est telle que

$$\sum_{i\in E} \sum_{h\in\Gamma^{-1}i} p(h,i) = 1$$

Remarque : on appelle base $a(i)$ de la question i : $a(i) = |\Gamma i|$.

Variantes. Par changement du choix de ces axiomes, on définit d'autres graphes encore appelés questionnaires; ils seront plus généraux ou plus particuliers,

sur (q_1) :

Le graphe, support du questionnaire peut être homogène (toutes les questions ont même base) ou non ; il peut être arborescent (sans cycle), latticiel (sans circuit) ou dedekindien (latticiel tel que tous les chemins unissant deux sommets aient même nombre d'arcs); il peut aussi présenter des circuits (en liaison avec les chaînes de Markov) [33] .

sur (q_2) :

On considérera aussi des graphes infinis (mais ayant une infinité dénombrable de sommets).

sur (q_3) et (q_5) :

- Le flux ainsi défini sur les arcs induit une pondération sur les sommets : on définit une application P_X de l'ensemble des sommets dans $]0,1]$ telle que

$$p(i) = \sum_{j\in\Gamma i} p(i,j) \qquad \text{si } i \in F$$

$$p(i) = \sum_{h\in\Gamma^{-1}i} p(h,i) \qquad \text{si } i \in E$$

On montre alors que $p(i)$ est une probabilité associée au sommet i , de même $p(i,j)$ est la probabilité de l'arc (i,j) [41] .

L'ensemble E doté des probabilités $\{p(j)/j \in E\}$ forme un système complet d'événements.

- Si on substitue à l'application P_Γ , l'application $\Pi_\Gamma : \Gamma \to \overline{\mathbb{R}}_+$ alors on ne pourra plus associer de probabilité d'événements $p(E_i)$ à une question i mais seulement une mesure d'événements $\mu(E_i)$. On parlera alors de "questionnaire traitant une information de type M".

Opérations.

Un questionnaire Q étant un graphe valué , il est possible de définir une opération sur Q en effectuant une modification de la valuation P_Γ avec ou sans conservation de support.

On appelle transfert des sous-arborescences de racines z_o et z_1, l'opération qui substitue aux arcs entrant dans ces racines (u_o,z_o) et (u_1,z_1) de nouveaux arcs (u_o,z_1) et (u_1,z_o) ; cette opération modifie alors les probabilités de z_o , z_1 et des sommets qui se trouvent en amont de z_o et z_1 .

On appelle contraction en un sommet i , l'opération qui substitue au graphe (X,Γ) un graphe (X',Γ') tel que $X' = \{X-\hat{\Gamma}i\} \cup \{i\}$, la valuation des sommets X' du nouveau questionnaire Q' restant la même que dans Q .

Le prolongement de deux latticiels (X,Γ) et (Y,Δ) en une réponse $e^* \in X$ est un latticiel Q_{e^*} tel que la descendance de e^* dans Q_{e^*} soit isomorphe à (Y,Δ) ; de plus la contraction en e^* a pour résultat (X,Γ).

On appelle produit restreint des questionnaires $Q = (X,\Gamma,P_\Gamma)$, de racine α et de réponses E , et $R = (Y,\Delta,P_\Delta)$, de racine β et de réponses S le questionnaire $Q \diamond R = (Z,\Lambda,P_\Lambda)$. Le graphe (Z,Λ) a pour ensemble de sommets $Z = X\{\beta\} \cup E'Y$, où E' est un sous-ensemble non vide de E fixé à l'avance. Si $|E'| = 1$, on dit que le produit est restreint à une seule réponse de E ; si $|E'| > 1$, on dit que le produit est restreint à E' ; si $E'= E$, le produit restreint est appelé produit des questionnaires Q et R et noté QR. (Z,Λ) est isomorphe au graphe obtenu par $|E'|$ prolongements de (X,Γ) par des latticiels isomorphes à (Y,Δ) effectués en tout $e^* \in E'$: (Z,Λ) possède $|E'|\cdot|S|$ réponses.

La valuation est définie par :

$$p_\Lambda(i\beta,j\beta) = p_\Gamma(i,j) \qquad \text{pour } (i,j) \in \Gamma$$

$$p_\Lambda(e^*k,e^*\ell) = p_\Gamma(e^*)p_\Delta(k,\ell) \qquad \text{pour } e^* \in E' \text{ et } (k,\ell) \in \Delta .$$

Aspect sémantique.

L'utilisation d'un questionnaire nécessite l'introduction d'une sémantique permettant de donner une signification aux différents sommets.

Si et seulement si le questionnaire est arborescent, on peut considérer que la racine α est une question opérant une partition de E en $|\Gamma\alpha| = a$ sous-ensembles disjoints $E_1,\ldots,E_a$, et de même, on peut considérer que chaque question i opère une partition de $E(i) = \hat{\Gamma}i \cap E$ en a(i) sous-ensembles (où a(i) est la base de la question i). Un questionnaire arborescent est donc un graphe permettant une succession de partitions de plus en plus fines de E, pour tout chemin unissant α à E, quels que soient les flux des arcs du graphe.

Si le questionnaire est latticiel, les sous-ensembles E(j) définis pour $j \in \Gamma i$ appartiennent à $\mathcal{P}(E(i))$ mais ne sont pas tous disjoints. Pour faciliter l'étude de ces questionnaires on associe à tout questionnaire latticiel $Q = (X,\Lambda,P_\Lambda)$ un questionnaire arborescent compatible C dont le support $A = (T(X),T(\Lambda))$ est l'arborescence des chemins (si dans $\Lambda = (X,\Lambda)$ il existe c chemins $\mu_1,\mu_2,\ldots,\mu_c$ unissant α à i, alors T(i) sera formé de c sommets $i^1,i^2,\ldots,i^c$; les cheminements des deux graphes Λ et A sont en bijection), et dont la valuation des arcs vérifie les deux conditions de compatibilité :

- tout arc (i,j_u) de Q sortant de i a pour image dans C un ensemble d'arcs dont la somme des flux est égale à celle de (i,j_u).

- dans la sous-arborescence de C de racine i^s, la somme des flux des arcs sortant de i^s est égale au flux de l'unique arc entrant dans i^s.

En outre, dans un questionnaire, la signification des réponses (ou la partition de E) dépend directement de la formulation d'une question, et on dira qu'il y a contrainte lorsque des limitations de formulation se rencontreront. D'où le problème : un questionnaire est-il réalisable compte tenu d'un ensemble de contraintes [6,13,42].

De plus, ces considérations font apparaître un problème concret qui se pose lors de l'utilisation d'un questionnaire : la notion de coût d'une question, et la notion d'utilité d'une réponse [19,36].

L'aspect sémantique présenté ci-dessus décrit ce que l'on appelle un processus d'interrogation directe, mais dans le cas où les réponses à une question ne sont pas fiables on utilise des processus d'interrogation indirecte; de tels processus sont étudiés à l'aide d'une extension des questionnaires appelée pseudoquestionnaires.

D'autres extensions des questionnaires ont été faites plus récemment : questionnaires logiques et hémiquestionnaires [6,7,8].

3. LONGUEURS

Définitions

Dans un questionnaire Q, à chaque chemin allant de la racine α à une réponse e est associé un nombre d'arcs (le rang $r(e)$ du sommet e) pondéré par une certaine valuation. Le premier problème qui s'est posé a été d'évaluer et de minimiser l'espérance mathématique $L(Q)$ de la longueur des chemins unissant la racine aux réponses.

Soit un questionnaire $Q = (X,\Gamma,P_\Gamma)$ la longueur de cheminement de Q est telle que :

1/ si le questionnaire est arborescent ou dedekindien

$$L(Q) = \sum_{e\in E} p(e)\; r(e) = \sum_{i\in F} p(i)$$

2/ on montre que pour un questionnaire latticiel on a encore :

$$L(Q) = \sum_{i\in F} p(i)$$

3/ si à chaque question i, du questionnaire Q est attaché un coût $c(i)$, que Q soit latticiel, dedekindien ou arborescent, nous avons démontré que : $\mathbb{C}(Q) = \sum_{i\in F} p(i)\; c(i)$

Ceci implique que la notion de coût sur un chemin est additive.

4/ si le questionnaire est polychotomique (homogène de base a, et arborescent), Campbell a défini une longueur L_t, en supposant que le coût d'une question i est une fonction exponentielle du rang $r(i)$ du sommet i :

$$L_t = \frac{1}{t} \log_a \left[\sum_{e\in E} p(e)\; a^{tr(e)} \right] \qquad (t \neq 0)$$

5/ si le questionnaire est arborescent et si à chaque réponse e est attachée une utilité $u(e)$

$$L_u = \frac{1}{\sum_{e\in E} u(e) p(e)} \sum_{e\in E} u(e)\; p(e)\; r(e) .$$

Optimisation

Si toute question est réalisable, on sait résoudre le problème de L-optimisation de manière directe, grâce à un algorithme obtenu par une suite d'opérations de contraction.

I - si on se définit un ensemble de questionnaires $\mathcal{K}(\mathcal{P},\mathcal{a})$ par

- un ensemble de bases

$$\mathcal{A} = \{a_1, a_2, \ldots, a_M\} \qquad \text{où } M = |F|$$

- une distribution de probabilités

$$\mathcal{P} = \{p_1, p_2, \ldots, p_N\} \qquad \text{où } N = |E|$$

et si on veut trouver un questionnaire de longueur de cheminement minimale dans $\mathcal{K}(\mathcal{P},\mathcal{A})$, les deux propriétés suivantes permettent de résoudre ce problème :

Propriété 1.

Il existe toujours un questionnaire arborescent parmi les questionnaires de longueur de cheminement optimale dans $\mathcal{K}(\mathcal{P},\mathcal{A})$.

Propriété 2.

L'arborescence L-optimale peut être construite par l'algorithme de codage de Huffman généralisé au cas hétérogène [37] .

Algorithme :

si $a_1 \leq a_2 \leq \ldots \leq a_M$, on regroupe d'abord les a_1 plus faibles probabilités pour former la question de plus faible probabilité possible. Puis on opère de même, en une suite d'itérations dans l'ordre des a_i croissants, mais en remplaçant à chaque fois les a_i plus faibles probabilités par la seule probabilité de la question ainsi formée, c'est-à-dire en effectuant une opération de contraction.

II - Si on se définit un ensemble de questionnaires $\mathcal{K}(\mathcal{P},\mathcal{A},\mathcal{C})$ où $\mathcal{C}$ est un ensemble de coûts de questions $\mathcal{C} = \{c_{\sigma_1}, \ldots, c_{\sigma_M}\}$.

- si les coûts sont librement affectés aux questions une généralisation simple de l'algorithme de Huffman donne un questionnaire L-optimal [36] .

- si la permutation σ est imposée, un algorithme donne un optimal dans un sous-ensemble $\mathcal{K}'$ de questionnaires obtenus par l'algorithme de Huffman généralisé [35] .

III - Dans le cas de la longueur L_t , si t est fixé et positif, un questionnaire L_t-optimal dans l'ensemble $\mathcal{K}(\mathcal{P},a,t)$ est obtenu par l'algorithme de Huffman appliqué aux valeurs

$$\Pi_t(z) = a^{-tr(z)} \sum_{y \in E(z)} p(y)\, a^{tr(y)}$$

(en remplacement des probabilités; c'est-à-dire qu'il faut effectuer une multiplication par a^{-t} après chaque contraction) [12] .

IV - Dans le cas d'un ensemble de questionnaires arborescents $\mathcal{K}(\mathcal{P},\mathcal{Q},\mathcal{U})$, où $\mathcal{U}$ est un ensemble d'utilités

$$\mathcal{U} = \{u(1),u(2),\ldots,u(N)\}$$

on définit l'efficacité $v(j)$ d'une réponse j par $v(j) = u(j)p(j)$; l'efficacité d'une question i est définie récursivement à partir d'une question dont tous les successeurs sont des réponses par $v(i) = \sum_{j\in\Gamma i} v(j)$. Comme le questionnaire est arborescent, il en résulte $v(i) = \sum_{e\in E(i)} v(e)$. L'efficacité de la racine $v(\alpha) = \sum_{j\in E} v(j)$ est la valeur moyenne des utilités des réponses pondérées par leurs probabilités. On introduit alors des coefficients $w(i) = \frac{v(i)}{v(\alpha)}$ pour tout sommet i du questionnaire utile Q . La distribution des $w(i)$ est ainsi une probabilité sur $(E,\mathbb{P}(E))$ et le calcul de la longueur utile se réduit à

$$L_u(Q) = \sum_{e\in E} w(e)\, r(e) = \sum_{i\in F} w(i) ,$$

qui n'est autre que la longueur de cheminement du questionnaire ordinaire déduit de Q par substitution de $w(e)$ au couple $(p(e),u(e))$ associé à la réponse e . On peut alors utiliser les algorithmes de Huffman pour optimiser les questionnaires utiles arborescents.

4. INFORMATION DANS LES QUESTIONNAIRES.

L'information considérée dans les questionnaires porte sur les aspects locaux et globaux. Localement un chemin conduisant de la racine à un sommet i apporte une certaine information liée à la connaissance de l'événement associé à i par rapport à l'incertitude initiale correspondant à la seule connaissance, à la racine, que l'événement sera un sous-ensemble de E , comportant un ou plusieurs éléments. Cette information locale peut être interprétée comme l'information qui serait obtenue au sommet i si le questionnaire était tronqué en i . Aux opérations de prolongement en i , produit restreint à $\{i\}$ et contraction de l'ensemble $\hat{\Gamma} i$ des questionnaires arborescents correspondent divers aspects de l'information locale en i ; i est alors une réponse (après contraction ou avant prolongement en i) ou une question (avant contraction ou après prolongement en i).

Les aspects globaux de l'information sont liés au canal : il s'agit de transmettre une certaine information et pour cela on dispose d'un questionnaire qui peut transmettre au maximum cette information moyennant un traitement plus ou moins adapté : on parle de l'information traitée par un questionnaire pour situer son adaptation à ce qu'il s'agit de transmettre.

L'information doit s'exprimer par une mesure et même dans le cas de Shannon nous ne parlerons pas d'entropie que le lecteur habitué à cette expression peut concevoir comme la mesure de la différence entre l'information à transmettre et l'information déjà reçue soit à la racine soit en une section σ (ensemble de questions tel que tout chemin entrant en E comporte un arc entrant en σ) [42].

Avant de définir systématiquement les notions informationnelles spécifiques aux questionnaires, nous nous proposons de rappeler brièvement des définitions des mesures d'information utilisées le plus fréquemment à l'heure actuelle. Rappelons que Forte et Pintacuda [18] ont généralisé l'information d'un événement de Kampé de Fériet et Forte [27] au cas des expériences en se fondant sur la théorie des questionnaires. Nous renvoyons à des ouvrages spécialisés pour les justifications ou présentations axiomatiques, par exemple au catalogue de propriétés établi par Aczel [1].

5. MESURES D'INFORMATION

Ces mesures dépendent de la distribution des probabilités des réponses $(p_1,\ldots,p_N)$, ou plus généralement de la mesure de ces réponses $(\mu_1,\ldots,\mu_N)$; d'autres informations peuvent dépendre aussi d'un paramètre α. La base des logarithmes employés est a, base des questions, qui est par définition le nombre d'arcs sortant de toute question quand le questionnaire est homogène. On écrira en général $\log p$ pour $\log_a p$. On peut dans certains cas utiliser des bases liées aux questions (cas hétérogène). En outre, dans le cas de l'information utile (ou qualative et quatitative de Belis et Guiaşu), on a recours à une valuation par des utilités (réels positifs ou nuls). L'indice N est utilisé pour rappeler que les informations définies ci-après portent sur les N événements disjoints obtenus par une partition d'un ensemble fixé au départ et qui est l'ensemble des réponses E. Quelques simplifications sont dues au fait que E est dénombrable, et même fini. Selon les travaux fondamentaux de Kampé de Fériet, Forte et Pintacuda, [17,18,23]. on distinguera l'information $h(A)$ relative à un événement de l'information $H_N(A)$ relative à une expérience $\mathbb{I}_N$ qui réalise la partition de A en N parties $A_1, A_2,\ldots,A_N$; $h(A)$ est une <u>information de type M</u> si $h(A) = \Theta(\mu(A))$ où $\mu(A)$ est la mesure de A et $\Theta(\mu)$ est une fonction strictement décroissante définie sur la mesure μ d'un espace mesuré, qui se réduit dans le cas dénombrable des questionnaires à $(E, \mathbb{P}(E))$; de plus $\Theta(0) = \infty$ et $\Theta(\mu(E)) = 0$; en outre dans le cas non dénombrable une condition supplémentaire est requise : pour $y \to x$,

$\Theta(y) \to \Theta(x)$ si x et y appartiennent à la tribu de parties permettant de définir l'espace mesuré.

La partition Π_N sera complète si $A = E$ **et** incomplète si $A \neq E$ (et $A \subset E$). On définit encore J_N telle que

$$J_N(A_1,\ldots,A_N) = H_N(A_1,\ldots,A_N) - h(A) .$$

$H_N(A_1,\ldots,A_N)$ est <u>l'information</u> <u>de</u> <u>type</u> <u>M</u> de la partition $\Pi_N(A)$, tandis que $J_N(A_1,\ldots,A_N)$ est l'information de la même partition <u>conditionnée</u> par l'événement A .

Les solutions générales de l'équation fonctionnelle en H_N font l'objet de la communication de Bertoluzza et Schneider à ce colloque ; la solution développée par Schneider [50] à partir des travaux de Forte et Pintacuda conduit à introduire une fonction γ telle que

$$J_N(A) = \sum_{j=1}^{N-1} \gamma[\mu(A),\mu(A_j), \sum_{k=j+1}^{N} \mu(A_k)]$$

et possédant les propriétés

1. $\gamma(\mu,\mu_1,\mu_2) \geq 0$
2. $\gamma(\mu,\mu_1,\mu_2) = \gamma(\mu,\mu_2,\mu_1)$ pour $\mu > \mu_1,\mu_2$
3. $\gamma(\mu,\mu_1,0) = 0$ pour $\mu > \mu_1$
4. $\gamma(\mu,\mu_1,\mu_2)+\gamma(\mu,\mu_1+\mu_2,\mu_3)=\gamma(\mu,\mu_1,\mu_3)+\gamma(\mu,\mu_1+\mu_3,\mu_2)$.

Un questionnaire permet d'opérer une suite de partitions (cas arborescent) ou de recouvrements (cas latticiel) de E et ne donne pas lieu à l'introduction d'un espace incluant strictement E de sorte que $J_N(A_1,\ldots,A_N) = H_N(A_1,\ldots,A_N)$ tant que $\sum_{j=1}^{N} A_j = E$. Mais il n'en serait pas de même si on introduisait des forêts de questionnaires. Du point de vue local, à un sous-questionnaire dont les réponses forment une partie $E(i)$ strictement incluse dans E, on peut associer les deux fonctions $J_N(E(i))$ et $H_N(E(i))$ dont la différence est $h(E(i)) = \Theta(\mu(i)) \neq 0$. On voit alors que les concepts **globaux intervenant** en théorie des questionnaires ne font pas la différence entre J_N et H_N ; cependant les concepts locaux pourront être différents. Forte et Pintacuda ayant montré [18] que J_N est elle-même une information de type M , les expressions particulières de J_N qui seront étudiées au niveau local seront encore des informations de type M. Pour une partition en deux parties, on obtient $J_2(A_1,A_2)= \gamma[\mu(A_1 \cup A_2),\mu(A_1),\mu(A_2)]$. On parlera d'information transmise par un questionnaire Q et on écrira par définition $\Phi_N(Q)$ pour $\Phi_N(\mu_1,\mu_2,\ldots,\mu_N)$, où la fonction indique qu'il s'agit d'une expérience réalisant la partition de E en

N parties ; de plus $\sum_{j=1}^{N} \mu_j = \mu(E)$ et, dans le cas probabiliste $(\mu_j = p_j)$ $\sum_{j=1}^{N} p_j = 1$.

Les mesures d'informations seront alors :

type M [44,45,46] :

$$J_N(Q) = \sum_{j=1}^{N-1} \gamma[\mu(E),\mu(E(j)), \sum_{k=j+1}^{N} \mu(E(k))]$$

Shannon [37,53] :

$$I_N^1(Q) = \sum_{j=1}^{N} p_j \log \frac{1}{p_j}$$

Renyi [11,12,47] , en prenant $\alpha > 0$ et $\alpha \neq 1$:

$$I_N^\alpha(Q) = \frac{1}{1-\alpha} \log \sum_{j=1}^{N} p_j^\alpha ,$$

avec $\lim_{\alpha \to 1} I_N^\alpha(Q) = I_N^1(Q)$.

Havrda-Charvát [21] , en prenant $\alpha > 0$ et $\alpha \neq 1$:

$$G_N^\alpha(Q) = \frac{a^{(1-\alpha) I_N^\alpha(Q)} - 1}{a^{1-\alpha} - 1} = \frac{(\sum_{j=1}^{N} p_j^\alpha) - 1}{a^{1-\alpha} - 1}$$

Aggarwal-Césari-Picard [3] , en prenant $\alpha > 0$ et $\alpha \neq 1$:

$$J_N^\alpha(Q) = a^{(1-\alpha) I_N^\alpha(Q)} = \sum_{j=1}^{N} p_j^\alpha$$

Belis-Guiaşu [5,19,20] ou information utile [42]:

$$G_N(Q,\mathfrak{U}) = k \sum_{j=1}^{N} u(j) p_j \log \frac{1}{p_j} .$$

La constante introduite par Belis et Guiaşu peut être avantageusement fixée [42] à $k = v(\alpha)$ et la base de logarithmes est en même temps fixée à a , comme dans le cas de Shannon. Ce dernier cas est obtenu pour $u(j) = 1$ $(\forall j)$.

On peut finalement écrire

$$G_N(Q,\mathfrak{U}) = \sum_{j=1}^{N} w_j \log \frac{1}{p_j}$$

Deux autres informations ont été encore introduites pour l'étude des questionnaires probabilistes hétérogènes mais elles sont liées au système de base $\mathfrak{A}$:

<u>Information hétérogène</u> [42] :

$$\overline{H_N}(Q,\mathfrak{A}) = \sum_{i\in F} \sum_{j\in\Gamma i} p(i,j) \log_{a(i)} \frac{p(i)}{p(i,j)},$$

Cette information dépend en outre du graphe (X,Γ) support de Q .

<u>Acquisition</u> [38] :

$$\mathcal{A}_N(Q,\mathfrak{A}) = \overline{H_N}(Q_H,\mathfrak{A})$$

où Q_H est le questionnaire de longueur de cheminement minimale et de hauteur minimale construit suivant l'algorithme de Huffman [37] sur les mêmes $\{p_1,\ldots,p_N\}$ et $\{a_1,\ldots,a_M\}$ que Q ; A_N ne dépend donc que des p_j et de $\mathfrak{A}$ mais non de (X,Γ).

L'information de Shannon est à la fois la limite de l'information de Renyi $(\alpha\to 1)$, une information utile $(u(j) = 1, \forall j)$, une acquisition (lorsque Q est homogène); c'est encore une information de type M avec la mesure de probabilité $\mu = p(A)$:

$$h(A) = \log \frac{p(E)}{p(A)} = \log \frac{1}{p(A)} \quad \text{et}$$

$$\gamma(p,p_1,p_2) = \frac{p_1}{p} \log \frac{p}{p_1} + \frac{p_2}{p} \log \frac{p}{p_2} - \frac{p_1+p_2}{p} \log \frac{p}{p_1+p_2}$$

Il vient alors

$$H_N(A) = \sum_{j=1}^{N-1} \gamma(p(A),p(A_j), \sum_{k=j+1}^{N} p(A_k)) + \log \frac{1}{p(A)}$$

$$H_N(A) = \sum_{j=1}^{N} \frac{p(A_j)}{p(A)} \log \frac{p(A)}{p(A_j)} - \log p(A)$$

c'est-à-dire

$$H_N(A) = \frac{\sum_{j=1}^{N} p_j \log \frac{1}{p_j}}{\sum_{j=1}^{N} p_j}$$

qui est l'information de Shannon pour une distribution incomplète ; si la distribution est complète alors $H_N(A) = I_N^1(p_1,p_2,\ldots,p_N) = J_N(A)$.

On considère enfin l'information hyperbolique qui a été introduite par Kampé de Fériet [25] dans le cas des informations d'événements : $h(A) = \frac{1}{|A|} - \frac{1}{|E|}$.

Considérée comme mesure d'information d'une partition d'événements disjoints elle conduit à :

$$\gamma(\mu,\mu_1,\mu_2) = \frac{1}{\mu_1} + \frac{1}{\mu_2} - \frac{1}{\mu_1+\mu_2} \quad , \text{ avec } \quad \mu_i = |E(i)|$$

et à $\quad J_2(E(1) \cup E(2), E(1), E(2)) = \frac{1}{\mu_1} + \frac{1}{\mu_2} - \frac{1}{\mu_1+\mu_2}$,

qui ne font pas intervenir $\mu(A) = \mu \geq \mu_1 + \mu_2$.

<u>L'information hyperbolique</u> se détermine alors par

$$J_N(Q) = \sum_{j=1}^{N-1} \left(\frac{1}{\mu_j} + \frac{1}{\sum_{k=j+1}^{N} \mu_k} - \frac{1}{\sum_{k=j}^{N} \mu_k} \right)$$

ce qui s'écrira [45] :

$$Y_N(Q) = \left(\sum_{j=1}^{N} \frac{1}{\mu_j} \right) - \frac{1}{\mu_o}$$

où $\mu_o = \mu(E) = \sum_{j=1}^{N} \mu_j$.

La propriété $\gamma(\mu,\mu_1,0) = 0$ correspond exactement à l'axiome q_3. De même qu'en théorie des questionnaires on s'interdit - sauf pour le besoin de certaines démonstrations techniques - l'utilisation de questions n'ayant qu'une seule issue; de même l'information liée à la rémanence d'un ensemble non partitionné est-elle nulle. Cette propriété de γ est effectivement vérifiée dans le cas de Shannon et correspond à un ensemble A_2 dont la probabilité $p(A_2)$ est nulle, c'est-à-dire à une issue d'une quasi-question [40]. Dans le cas hyperbolique on ne peut admettre un ensemble non vide et de cardinal 0 ; on peut écrire par convention que l'information est nulle :

$$J_2(A,\emptyset) = 0 \quad \text{donc} \quad \gamma(\mu,\mu(A),0) = 0 \ ,$$

L'interdiction de toute quasi-question n'est pas nécessaire car

$$J_{N+1}(A_1,\ldots,A_N,\emptyset) = J_N(A_1,\ldots,A_N)$$

d'après Forte et Pintacuda ; néanmoins on ne peut admettre d'évaluer l'information hyperbolique d'une quasi-question dichotomique. La convention ci-dessus permet alors d'éviter une contradiction. Elle est liée à la propriété remarquable des informations, vérifiée dans tous les cas présentés ici (sauf pour $\overline{H_N}$ et $\mathbb{A}_N$) : l'information transmise par un questionnaire, c'est-à-dire l'information d'une partition, est indépendante du mode d'obtention. La dernière propriété de γ impose cette propriété aux informations de type M .

6. INFORMATION DE TYPE M TRAITEE PAR UN QUESTIONNAIRE

Soit α la racine du questionnaire Q et soit i un sommet de base a et dans lequel il entre b arcs ($b \geq 1$ si i est distinct de α et $b=0$ sinon) Soient $\nu_1,\ldots,\nu_a$ et $\lambda_1,\ldots,\lambda_b$ les mesures des événements associés aux arcs sortant et entrant en i [41,46]. Nous rappelons les définitions [50].

<u>information traitée par la question i</u> :

$$J_a(i) = \sum_{j=1}^{a-1} \gamma[\mu_i, \nu_j, \sum_{k=j+1}^{a} \nu_k] ,$$

où μ_i est la mesure de $E(i)$.

C'est l'information transmise par le questionnaire élémentaire admettant une seule question, i, et a réponses de mesures $\nu_1,\ldots,\nu_a$.

<u>information apportée par la question i</u> :

$$J_{(\mu)}(i) = \sum_{j=1}^{a-1} \gamma[\mu_o, \nu_j, \sum_{k=j+1}^{a} \nu_k] ,$$

<u>information absorbée par le sommet i</u> :

$$\overline{J_b}(i) = \sum_{j=1}^{b-1} \gamma[\mu_o, \lambda_j, \sum_{k=j+1}^{b} \lambda_k] \qquad \text{(i n'est pas la racine)}$$

et $\overline{J_b}(\alpha) = 0$.

C'est l'information qui aurait été apportée par i en inversant le sens des arcs et en tenant compte de l'égalité des flux entrant et sortant en i.

<u>information transmise par le sommet i</u> :

$$J_{(\mu)}(i) - \overline{J_b}(i) ,$$

on fera les conventions: $\overline{J_b}(\alpha) = 0$ et $J_{(\mu)}(e_j) = J_a(e_j) = 0$ $(\forall e_j \in E)$.

Si le questionnaire est arborescent $\overline{J_b}(i) = 0$ en tout sommet. En sommant on obtient, par définition,

<u>l'information traitée par le questionnaire</u> Q, qui est la somme des informations <u>apportées</u> par toute question :

$$J_{(\mu)}(Q) = \sum_{i \in F} J_{(\mu)}(i)$$

Schneider a montré que l'information transmise vérifie la propriété de sommation :

$$J_N(Q) = \sum_{i \in F} [J_{(\mu)}(i) - \overline{J_b}(i)]$$

et de plus $J(Q) \geq J_N(Q)$,

l'égalité se produisant si et seulement si Q est arborescent.

Applications

information de Shannon

On trouve

$$J_a(i) = \sum_{j\in\Gamma i} \frac{p(i,j)}{p(i)} \log \frac{p(i)}{p(i,j)}$$

$$J_{(\mu)}(i) = \sum_{j\in\Gamma i} p(i,j) \log \frac{p(i)}{p(i,j)}$$

valeurs déjà utilisées directement [38,39]

information hyperbolique

De même :

$$J_a(i) = J_{(\mu)}(i) = \sum_{j=1}^{a} \frac{1}{\nu_j} - \frac{1}{\mu_i}$$

$$\overline{J_b}(i) = \sum_{h=1}^{b} \frac{1}{\lambda_h} - \frac{1}{\mu_i}$$

avec $$\mu_i = \sum_{h=1}^{b} \lambda_h = \sum_{j=1}^{a} \nu_j .$$

7. PROPRIETES DE BRANCHEMENT

Soient Q_o et Q_1 deux questionnaires admettant respectivement $N-\beta$ et $\beta+1$ réponses et soit Φ_N une fonction d'information (ou une longueur) définie sur de tels questionnaires.

On dit que Φ possède la propriété de branchement [16] si le produit, restreint à une réponse, $Q_o \diamond Q_1$ a une information (ou une longueur) vérifiant l'égalité :

$$\Phi_N(Q_o \diamond Q_1) = \Phi_{N-\beta}(Q_o) + \Psi_{\beta+1}(Q_1)$$

où $\Psi_{\beta+1}$ est une fonction des $\beta+1$ mesures définies aux réponses de Q_1 . Certains systèmes d'axiomes [15] font explicitement appel aux propriétés de branchement.

La plupart des auteurs étudient seulement le cas $\beta=1$ bien que la généralisation $\beta > 1$ ne présente pas de difficulté.

A la présentation classique [3] $\Phi_{N-\beta}(p_1 , \dots , p_{N-\beta})$ et

$\Psi_{\beta+1}(t_1,\ldots,t_{\beta+1})$ avec $\sum_{j=1}^{\beta+1} t_j = \sum_{i=1}^{N-\beta} p_i = 1$ nous substituons la présentation ci-dessus qui utilise directement les questionnaires sans faire d'hypothèse sur le graphe (arborescent ou non).

Soit μ^* la mesure de la réponse e^* de Q_o où est effectué le prolongement nécéssaire au produit restreint : dans $Q_o \diamond Q_1$, il y a une question de mesure μ^* origine d'une sous-arborescence de $\beta+1$ réponses.

On pourra particulariser μ^* en p^*, w^*, $\frac{1}{|E(i^*)|}$ suivant la mesure d'information utilisée (probabiliste, probabiliste avec utilité, ou hyperbolique).

<u>La propriété de branchement</u> a été vérifiée pour un certain nombre de fonctions, à l'exception de l'information de Renyi. On trouve alors que Ψ est toujours de la forme $\Psi_{\beta+1}(Q_1) = \varphi(e^*)\ \Phi_{\beta+1}(Q_1)$; dans la liste des résultats ci-dessous, on notera que pour l'information d'Aggarwal c'est $J_N^\alpha(Q)-1$ qui possède la propriété de branchement; de même c'est $a^{tL_t}-1$ et non la longueur de Campbell L_t ; la liaison entre I_N^α et L_t a été faite par Campbell $(a < 1)$ et Césari $(a > 1)$ avec $t = \frac{1-\alpha}{\alpha}$ $(\alpha \neq 1)$.

Shannon :	$I_N^1(Q)$	$\rightarrow \varphi(e^*) = p^*$
Longueur de cheminement :	$L(Q)$	$\rightarrow \varphi(e^*) = p^*$
Coût :	$\mathbb{C}(Q)$	$\rightarrow \varphi(e^*) = p^*$
Havrda et Charvat	$G_N^\alpha(Q)$	$\rightarrow \varphi(e^*) = (p^*)^\alpha$
Aggarwal	$J_N^\alpha(Q)-1$	$\rightarrow \varphi(e^*) = (p^*)^\alpha$
Longueur de Campbell :	$a^{tL_t(Q)-1}$	$\rightarrow \varphi(e^*) = p^*\ a^{tr(e^*)}$
Longueur utile :	$Lu(Q)$	$\rightarrow \varphi(e^*) = w^*$
Information utile	$G_N(Q,\mathfrak{U})$	$\rightarrow \varphi(e^*) = w^*$

Dans ces deux derniers cas, on fait l'hypothèse de compatibilité des utilités : $u(e^*) = v(\alpha_1)$ la première étant l'utilité d'une réponse de Q_o, la seconde étant relative à la racine de Q_1.

Information hétérogène : $\overline{H_N}(Q,\mathfrak{A}) \rightarrow \varphi(e^*) = p^*$

L'acquisition vérifie la propriété lorsque

$$\min_{e \in E(Q_1)} p(e) = p^* \qquad \text{et alors}$$

Acquisition : $A(Q,\mathfrak{A}) \rightarrow \varphi(e^*) = p^*$

Information hyperbolique : $Y_N(Q) \rightarrow \varphi(e^*) = 1$,

cette égalité étant vraie à condition qu'une relation de compatibilité soit vérifiée entre Q_o et Q_1 :

$$\mu(e^*) = \mu(\alpha_1) ,$$

Q_1 est alors un "prolongement" de Q_o et permet une partition de l'ensemble $\{e^*\}$ qui ne peut être réduit à un seul élément.

8. CONDITIONNEMENT ET DEPENDANCE

Le cas de l'information hyperbolique est spécial : c'est la seule information parmi les informations déjà appliquées à des questionnaires dont la mesure de la racine soit différente de 1 . C'est pourquoi un produit restreint $Q_o \underset{i}{\diamond} Q_1$ sera défini en information de type M par l'intermédiaire du prolongement qui revient à multiplier les mesures de tout sommet de Q_o par la mesure de la racine de Q_1. On notera $\mu(Q_i) = \mu(\alpha_i)$ et on parlera de la mesure de Q_i.

On appellera questionnaire trivial de mesure μ' le graphe formé d'un sommet unique de mesure μ' .

Etant donné un questionnaire Q_o et une famille de N questionnaires (Q_i) qui ont tous la même mesure μ' , le produit composite est construit par les opérations :

(a) 1 produit de Q_o par un questionnaire trivial de mesure μ' .

(b) N produits d'un questionnaire trivial de mesure $\mu(Q_o)$ par les questionnaires $Q_i (i=1,\dots,N)$.

(c) N prolongements du questionnaire défini en (a) par les questionnaires définis en (b).

La mesure d'un sommet xy de ce questionnaire est :

$\mu(xy) = \mu(x)\mu'$ si x est une question $(x \in F)$,

$\mu(e_i y) = \mu(e_i)\mu_i(y)$ où $\mu_i(y)$ est la mesure de y dans Q_i.

Le produit composite, noté $Q_o \underset{i}{\diamond} Q_i$, est un produit généralisé de 2 questionnaires indépendants si et seulement si les N questionnaires Q_i sont identiques : dans ce cas

$$(Q_o \underset{i}{\diamond} Q_i) = \mu(Q_o)\mu' .$$

Si, lorsque tous les Q_i sont identiques, on effectue en (c) seulement $n<N$ prolongements, alors on obtient un <u>produit restreint</u> de mesure $\mu(Q_o)\mu'$. Le cas où $n=1$ permet de généraliser la propriété de branchement.

Remarquant que l'opération a) conduit à un questionnaire de mesure $\mu(Q_o)\mu'$ transmettant l'information $\frac{Y_N(Q)}{\mu'}$, alors si $\mu(e^*) \neq \mu(\alpha_1)$,

$$Y(Q_o \underset{i}{\diamond} Q_1) = \frac{Y(Q_o)}{\mu'} + \frac{Y(Q_1)}{\mu(Q_1)} .$$

De ce point de vue, l'information hyperbolique ne vérifie plus le principe de branchement car on est en présence d'un phénomène plus complexe. Le branchement simple (avec $\mu(e^*) = \mu(\alpha_1)$ et $\varphi(e^*) = 1$) correpond au cas où $Q_o \diamond Q_1$ est le prolongement de Q_o par Q_1 avec compatibilité en e^*.

L'opération $Q_o \underset{i}{\diamond} Q_1$ conduit à former un ensemble de mesure $\mu(Q_o)\mu'$ partitionné en $N+\beta$ parties. Les $N-1$ premières ont pour mesures $\mu(e_j)\mu'$ où $e_j \in E(Q_o) - \{e^*\}$; les $\beta+1$ dernières ont pour mesure: $\mu(e^*)\mu'(e_j')$ où $e_j' \in E(Q_1)$.

Soient $J(Q_o)$, $J(Q_i)$, $J(Q')$ les informations de type M transmises par les questionnaires Q_o, Q_i, Q' où Q_o et Q' sont des questionnaires indépendants. Si les N questionnaires Q_i $(i=1,\ldots,N)$ sont tels que

$$\sum_i \mu(e_i)\mu_i(e_{ij}) = \mu(Q_o)\mu'(e_j')$$

$$\sum_j \mu(e_i)\mu_i(e_{ij}) = \mu(e_i)\mu'(Q')$$

où $e_i \in E(Q_o)$, $e_{ij} \in E(Q_i)$ $(i=1,\ldots,N \; ; \; j=1,\ldots,M)$

$e_j' \in E(Q_1)$ $(j=1,\ldots,M)$,

on dit que les questionnaires Q_i forment une expérience dépendant de l'expérience réalisée par Q_o ou qu'ils sont <u>dépendants</u> de Q_o. Cette expérience permet d'obtenir une partition de EE' en M parties qui sont obtenues soit par contraction de N réponses de $Q_o \underset{i}{\diamond} Q_i$ correspondant, pour chaque j , aux N valeurs possibles de i , soit par le questionnaire isomorphe (au sens des graphes) à Q' et dont la mesure de tout sommet a été multiplié par $\mu(Q_o)$. Il est clair que certaines relations de compatibilité doivent être vérifiées pour qu'il en soit ainsi [43] .

On appellera <u>information transmise par</u> Q' <u>après</u> Q et on notera :

$$\frac{J(Q' \divideontimes Q_o)}{\mu(Q_o)} = J(Q_oQ') - \frac{J(Q_o)}{\mu'(Q')}$$

lorsque Q' est *indépendant* de Q_o .

On appellera *information transmise par* Q' *dépendant de* Q_o et on notera :

$$\frac{J(Q'|Q_o)}{\mu(Q_o)} = J(Q_o \underset{i}{\diamond} Q_i) - \frac{J(Q_o)}{\mu'(Q')}$$

Si Q_i prolonge seulement Q_o on trouve l'*additivité*

$$J(Q_{e^*}) = J(Q_o) + J(Q_i)$$

d'après le théorème de l'information transmise [46] .

Si J représente l'*information de Shannon* , alors on sait que

$$I^1(Q'|Q_o) < I^1(Q' \divideontimes Q_o) = I(Q') ;$$

ce qui s'écrit habituellement $I^1(Q'|Q_o) \leq I^1(Q')$ sans distinguer $I^1(Q' \divideontimes Q_o)$ de $I^1(Q')$ car il n'est pas nécessaire de différencier expérience isolée (de mesure 1) et expérience indépendante dans le cas de Shannon.

Si l'information $J(Q)$ est l'*information hyperbolique* on trouve [44] :

$$Y(Q' \divideontimes Q_o) = \mu(Q_o) \sum_{i=1}^{N} \frac{1}{\mu(e_i)} Y(Q') \geq N^2 Y(Q').$$

Ce résultat peut s'interpréter ainsi : l'*information hyperbolique d'une expérience* Q' *indépendante de* Q *réalisée après une expérience* Q *est supérieure à l'information hyperbolique de l'expérience* Q' *isolée*.

Le conditionnement s'écrit alors

$$Y(Q'|Q_o) = \mu(Q_o) \Sigma \frac{Y(Q_i)}{\mu(e_i)}$$

Cependant l'inégalité de Shannon entre $I^1(Q'|Q_o)$ et $I^1(Q' \divideontimes Q_o)$ ne peut pas être étendue au cas hyperbolique.

Soient les questionnaires Q_o de mesure 6 , et Q' de mesure 5 et le produit Q_oQ' de mesure 30 :

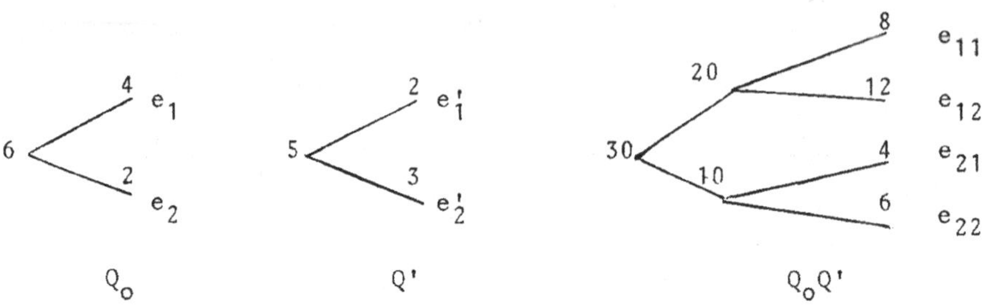

on remarque que $\mu(Q_o)\ \mu(e'_1) = 12$, $\mu(Q_o)\mu(e'_2) = 18$.

Soient deux nouveaux questionnaires Q_1 et Q_2 et le produit composite $Q_o \underset{i}{\diamond} Q_i$ réalisé de telle façon que

$$e'_{11} + e'_{21} = e_{11} + e_{21} = 12 \quad \text{et} \quad e'_{12} + e'_{22} = e_{12} + e_{22} = 18$$

Q_1 5 1 4

Q_2 5 4 1

$Q_o \underset{i}{\diamond} Q_i$ 30 20 4 e'_{11} 16 e'_{12} 10 8 e'_{21} 2 e'_{22}

On trouve pour les expériences indépendantes

$$Y(Q' \not\perp Q_o) = 30\ \left(\frac{1}{2} + \frac{1}{3} - \frac{1}{5} \right)\ \left(\frac{1}{20} + \frac{1}{10} \right)$$

et pour les expériences dépendantes

$$Y(Q' \mid Q_o) = 30\ \left(\frac{1 + \frac{1}{4} - \frac{1}{5}}{20} + \frac{\frac{1}{4} + 1 - \frac{1}{5}}{10} \right)$$

c'est-à-dire $Y(Q' \not\perp Q_o) < Y(Q' \mid Q_o)$.

Un autre exemple pourrait conduire à retourner le sens de l'inégalité de sorte que <u>$Y(Q' \not\perp Q_o)$ et $Y(Q'|Q_o)$ ne sont pas comparables.</u>

9. LONGUEUR ET INFORMATION

Bien souvent l'un des intérêts majeurs apportés par l'information résulte du fait qu'elle permet souvent l'évaluation d'une borne inférieure d'une longueur associable au même questionnaire. Mettons en évidence quelques unes de ces propriétés assez bien connues pour la plupart et faisant intervenir pour base de logarithme la base du questionnaire (cas homogène) ou les bases locales (cas hétérogène).

(1) <u>Questionnaires polychotomiques</u> (i.e.arborescents et hétérogènes)

<u>Information de Shannon et longueur de cheminement</u>

$$I_N^1(Q) \leq L(Q)$$

<u>Information de Renyi et longueur de Campbell</u>

$$I_N^\alpha(Q) \leq L_t(Q) \quad \text{avec} \quad t = \frac{1-\alpha}{\alpha} \quad \text{et} \quad \alpha \neq 1$$

<u>Information et longueur utiles</u>

$$G_N(Q,\mathfrak{U}) \leq L_u(Q) + \sum_{e \in E} w(e) \log u(e) - \log u(\alpha)$$

(2) <u>Questionnaires hétérogènes arborescents</u>.

<u>Information hétérogène et longueur de cheminement</u>

$$\overline{H_N}(Q,\mathfrak{A}) \leq L(Q)$$

<u>Acquisition et longueur de cheminement</u>

$$\mathbb{A}(Q;\mathfrak{A}) \leq L(Q_H) \leq L(Q).$$

Si les <u>coûts sont proportionnels aux logarithmes</u> des bases et de la forme $c(i) = \log_2 a(i)$ on trouve alors pour les questionnaires hétérogènes avec coûts :

$$I_N^1(Q) \leq \mathbb{C}(Q)$$

où la base de logarithmes est 2 .

(3) <u>Questionnaires latticiels</u>

L'information traitée est alors strictement supérieure à l'information transmise par le questionnaire mais est encore la borne inférieure de la longueur de cheminement dans le cas homogène.

(4) Produits

Lorsque la mesure de la racine est 1, les questionnaires produits sont tels que

$$\Phi_{NM}(Q_o Q_1) = \Phi_N(Q_o) + \Phi_M(Q_1)$$

pour les mesures :

$$I_N^1 \; , \; I_N^\alpha \; , \; L_t \; , \; \overline{H_N} \; , \; L \text{ et } \mathbf{C} \; .$$

Références *

[1] ACZEL J. - On different characterizations of entropies, Lectures notes 89, Springer (1969), 1-11.

[2] AGGARWAL N.L. - Sur la perte d'information dans un questionnaire, C.R. Acad. Sci. Paris, 270A, (1970), 1190-1193.

[3] AGGARWAL N.L., CESARI Y., PICARD C.F. - Propriétés de branchement liées aux questionnaires de Campbell et à l'information de Renyi , C.R. Acad. Sci. Paris, 275A (1972), 437-440.

[4] ARSAC J. - La science informatique, Dunod (1970).

[5] BELLIS M., GUIASU S. - A quantitative-qualitative measure of information in cybernetic systems, I.E.E.E. Trans. Information theory IT-14 (1968) , 593-594.

[6] BOUCHON B. - Réalisation de questionnaires et propositions logiques , Thèse de 3° Cycle, Paris, (1972).

[7] BOUCHON B. - Questionnaires représentant des propositions logiques , C.R. Acad. Sci. Paris, 274A (1972), 791-794.

[8] BOUCHON B. - Propriétés des hémiquestionnaires, *in* Luminy, juin 73 *.

[9] BURGE W.H. - Sorting, trees and measures of order, Information and Control, 1(1958), 181-197.

[10] CAMPBELL L.L. - A coding theorem and Renyi's entropy, Information and Control 8(1965), 423-429.

[11] CESARI Y. - Questionnaire, codage et tris, Thèse 3° Cycle, Paris,(1968).

[12] CESARI Y. - Quelques algorithmes de la théorie des questionnaires et de la théorie des codes, Thèse Sci. Math. Paris, (1973).

[13] DUBAIL F. - Algorithmes de questionnaires réalisables optimaux au sens de différents critères, Thèse de 3° Cycle , Lyon, (1967).

* Les articles extraits d'ouvrages collectifs sont précisés en fin des références.

[14] DUNCAN G.T. - Information and questionnaires in statistical inference , (Thesis) Technical Report 140, Schoof of statistics, Univ. of Minnesota, Minneapolis, (1970).

[15] FADDEEV D.K. - Zum begriff der Entropie eines endlichen Wahrscheinlichkeitsschema, in Arbeiten zur Informationstheorie , 1 (1957).

[16] FORTE B. - Measures of information : the general axiomatic theory, Revue française d'Informatique et de Recherche Opérationnelle, 3(1969), série R-2, 63-84.

[17] FORTE B., PINTACUDA N. - Information fournie par une expérience, C.R. Acad. Sci. Paris, 266A (1968), 242-244.

[18] FORTE B., PINTACUDA N. - Sull'informazione associata alle esperienze incomplete, Ann. Mat. Pura e App., (1968), 4, 215-234.

[19] GUIASU S. - Weighted entropy, Reports on Mathematical Physics, 2 (1971), 165-179.

[20] GUIASU S., PICARD C.F. - Borne inférieure de la longueur utile de certains codes, C.R. Acad. Sci. Paris, 273A (1971), 248-251.

[21] HAVRDA J. , CHARVAT F. - Quantification method of classification processes. Concept of structural α-entropy, Kybernetika, 1, 3, (1967), 30-35.

[22] HUFFMAN D.A. - A method for the construction of minimum redundancy codes , Proc. Inst. Radio Engrs., 9(1952), 1098-1101.

[23] KAMPE DE FERIET J. - Mesure de l'information fournie par un événement, *in* Clermont-69 , 191-221.

[24] KAMPE DE FERIET J. - Mesures de l'information pour un ensemble d'observateurs, C.R. Acad. Sci. Paris, 269A (1969), 1081-1085 et 271A (1970), 1017-1021.

[25] KAMPE DE FERIET J. - Mesure de l'information fournie par un événement , Séminaire sur les Questionnaires, (1971), I.H.P. Paris.

[26] KAMPE DE FERIET J. - La théorie généralisée de l'information et la mesure subjective de l'information, *in* Luminy, juin 73.

[27] KAMPE DE FERIET J., FORTE B. - Information et probabilité, C.R. Acad. Sci. Paris, 265A (1967), 110-114, 142-146, 350-353.

[28] KOLMOGOROV A.N. - Logical basis for information theory and probability theory, I.E.E.E. Trans. on Inf., IT 14(1968), 662-664.

[29] LUDDE E. - Optimierung von logischen Enstcheidungen, V. Internationaler Kongress über Anwendungen der Mathematik in den Ingenieurwissenschaften , Weimar, (1969), 265-267.

[30] LUDDE E., THIELE H. - Anhang , in C.F.PICARD, Theorie der Fragebogen, Akademie-Verlag, Berlin, (1973).

[31] MARCZEWSKI E. - Independance d'ensembles et prolongement de mesures (résultats et problèmes), Colloq. Math., 1(1948), 122-132.

[32] MATTEI M. - Les ordinateurs à l'aide du diagnostic médical, application en toxicologie, Thèse Doctorat en Médecine, Grenoble, (1969).

[33] PATRIS J. - Questionnaires avec circuits, Thèse 3° Cycle, Paris, (1971).

[34] PETOLLA G. - Coûts, contraintes, ordre et questionnaires, Thèse 3° Cycle Lyon, (1970).

[35] PETOLLA G. - Questionnaires de coût moyen minimal lorsque les coûts sont liés à la base des questions, *in* Luminy, juin 73.

[36] PETOLLA S. - Extension de l'algorithme d'Huffman à une classe de questionnaires avec coûts, Thèse 3° Cycle, Lyon, (1969).

[37] PICARD C.F. - Théorie des Questionnaires, Gauthier-Villars, (1965); traduction: Theorie der Fragebogen, Akademie-Verlag, Berlin, (1973).

[38] PICARD C.F. - Information, acquisition, précision, *in* Besançon-66, 253-268.

[39] PICARD C.F. - Valeur maximale de l'information traitée, C.R. Acad. Sci. Paris, 265A (1967), 624-627.

[40] PICARD C.F. - Quasi-questionnaires, codes and Huffman's length, Kybernetika 6 (1970), 418-435.

[41] PICARD C.F. - Probabilités sur des graphes et information traitée par des questionnaires, *in* Prague-71.

[42] PICARD C.F. - Graphes et Questionnaires, Gauthier-Villars, (1972).

[43] PICARD C.F. - Dépendance et indépendance d'expériences, C.R. Acad. Sci. Paris, 276A (1973), 1237-1240.

[44] PICARD C.F. - Expériences dépendantes et conditionnement en information hyperbolique, C.R. Acad. Sci. Paris, 276A (1973), 1369-1372.

[45] PICARD C.F. - Aspects informatiques de l'information hyperbolique, *in* Rome-73.

[46] PICARD C.F., SCHNEIDER M. - Information du type M transmise par un questionnaire latticiel, C.R. Acad. Sci. Paris, 274A (1972).

[47] RENYI A. - On measures of entropy and information, *in* Berkeley-60, t.1; 547-561.

[48] RENYI A. - Foundations of probability, Holden Day (1970).

[49] RIGAL J.L., AGGARWAL N.L., CANONGE J.C. - Incertitude et fonction d'imprécision liées à un questionnaire sur un espace métrique, C.R. Acad. Sci. Paris, 263A (1966), 268-270.

[50] SCHNEIDER M. - Information généralisée et questionnaires, Thèse 3° Cycle, Lyon, (1970).

[51] SCHNEIDER M. - Information du type M transmise par un questionnaire avec circuits, C.R. Acad. Sci. Paris, 275A (1972), 611-614.

[52] SCHWARTZ E.S. - An optimum encoding with minimum longest code and total number of digits, Information and control, 7, (1964), 37-44.

[53] SHANNON C.E. - A mathematical theory of communication, Bell system Tech. J. 27, (1948), 379-423, 623-656.

[54] SOBEL M. - Optimal group testing , *in* Debrecen-67, 411-488.

[55] TERRENOIRE M. - Une généralisation des questionnaires: les pseudoquestionnaires, C.R. Acad. Sci. Paris, 270A (1970), 163-265.

[56] TERRENOIRE M. - Pseudoquestionnaires et information, C.R. Acad. Sci. Paris, 271A (1970), 884-887.

[57] TERRENOIRE M. - Un modèle mathématique de processus d'interrogation : les pseudoquestionnaires, Thèse Sci. Math., Grenoble, (1970).

[58] THIELE H. - Wissenschaftstheoretische Untersuchungen in algorithmischen Sprachen, Deutscher Verlag der Wissenschaften (1966).

<u>Ouvrages collectifs</u>.

BERKELEY-60 : Proceedings of the 3th Berkeley symposium on math. statistics and probability theory (1960). Univ. of California Press.

BESANCON-66 : La programmation en analyse numérique, Colloque international du CNRS, éd. CNRS , Paris (1967).

CLERMONT-69 : Les probabilités sur les structures algébriques, Colloque international du CNRS, éd. CNRS, Paris (1970).

LUMINY-73 : (Présent ouvrage).

PRAGUE-71 : Information theory, statistical decision functions and random processes, transactions of the 6th Prague Conference, publications de l'Académie des Sciences de Tchécoslovaquie, Prague (1973).

ROME-73 : Convegno di informatica teorica , Istituto nazionale di alta matematica, Roma (1973), Symposia matematica 11, Academic press, New-York (1974).

PROPRIETES DES HEMI-QUESTIONNAIRES

Bernadette Bouchon

1. DEFINITIONS

1.1. On appelle *hémi-questionnaire* un triplet (X,Γ,q), tel que (X,Γ) soit un latticiel de racine x_o, d'ensemble de terminaux E, d'ensemble de sommets non terminaux F, dont F' et F'' constituent une partition, x_o appartenant soit à F', soit à F''. q est une application de Γ dans $\mathbb{R}^+$, vérifiant :

a) $\sum_{y\in\Gamma x_o} q(x_o,y) = 1$ si $x_o \in F'$

$q(x_o,y) = 1 \quad \forall\, y \in \Gamma x_o$ si $x_o \in F''$

b) $\forall\, x \in F'$ tel que $x \neq x_o$

$$\sum_{y\in\Gamma^{-1}x} q(y,x) = \sum_{z\in\Gamma x} q(x,z)$$

c) $\forall\, x \in F''$ tel que $x \neq x_o$

$$\sum_{y\in\Gamma^{-1}x} q(y,x) = q(x,z) \qquad \forall\, z \in \Gamma x$$

1.2. Une *question* est un sommet appartenant à F', une *hémi-question* un sommet appartenant à F''.

1.3. L'application q induit une application sur X, notée également q, à valeurs dans $\mathbb{R}^+$, définie par :

$$q(x_o) = 1$$

$$q(x) = \sum_{y\in\Gamma^{-1}x} q(y,x) \qquad \forall\, x \in X - \{x_o\}$$

1.4. Dans le cas où F'' est l'ensemble vide, q est une application de Γ dans $[0,1]$; un hémi-questionnaire est alors un questionnaire si toutes les questions ont une base au moins égale à 2 , un quasi-questionnaire dans le cas contraire.

Sinon, la notion de longueur de cheminement habituellement utilisée dans le cas des questionnaires n'est plus valable en raison,d'une part de l'absence de loi de probabilités sur l'ensemble E , d'autre part de la différenciation des sommets intérieurs en questions et hémi-questions. Pour comparer deux hémi-questionnaires, on se propose donc d'introduire une relation d'ordre sur l'ensemble des hémi-questionnaires et d'exhiber une longueur de cheminement "efficace".

2. EQUIVALENCE D'HEMI-QUESTIONNAIRES

2.1. Sommets égaux

Soient $Q_1 = (X_1,\Gamma_1,q_1)$ et $Q_2 = (X_2,\Gamma_2,q_2)$, deux hémi-questionnaires d'ensembles de terminaux E_1 et E_2 . Un sommet y de X_1, de base $a_1(y)$, et un sommet z de X_2 , de base $a_2(z)$, sont <u>égaux</u> si l'une des conditions suivantes est vérifiée :

1) $q_1(y) = q_2(z)$ et $a_1(y) = a_2(z)$; il existe une bijection b_y^1 de $\Gamma_1 y$ dans $\Gamma_2 z$, telle que :

$$\forall\, t \in \Gamma_1 y \quad q_1(y,t) = q_2(z,b_y^1(t)) \qquad ;$$

on note $b_z^2 = (b_y^1)^{-1}$.

2) $y \in X_1$, $z \in E_2$, ou $y \in E_1$, $z \in X_2$, et $q_1(y) = q_2(z)$.

2.2. Hémi-questionnaires neutres

Un hémi-questionnaire est <u>neutre</u> si l'ensemble de ses questions est vide.

Deux hémi-questionnaires neutres sont <u>équivalents</u> s'ils ont le même nombre de sommets terminaux.

Un sous-hémi-questionnaire neutre Q' d'un hémi-questionnaire Q est <u>maximal</u> si l'adjonction à Q' des descendants dans Q d'un terminal de Q' supprime le critère de neutralité.

2.3. <u>Relation d'équivalence R</u>

Deux hémi-questionnaires Q'_1 et Q'_2 sont <u>équivalents</u> si toute question (respectivement tout terminal) est égale à une question (respectivement un terminal) de l'autre, et si, pour toute hémi-question x'_1 de l'un, qui admette des questions pour prédécesseurs, il existe une hémi-question x'_2 de l'autre, qui admette des questions pour prédécesseurs, et telle que les sous-hémi-questionnaires neutres maximaux de racines x'_1 et x'_2 soient équivalents. On note R cette relation d'équivalence.

3. <u>COMPOSITION D'HEMI-QUESTIONNAIRES</u>

3.1. <u>Définition</u>

Soit T l'ensemble des hémi-questionnaires ; on définit une opération, appelée composition, notée $\cup$, sur l'ensemble T/R.

Soient deux hémi-questionnaires Q_1 et Q_2, de racines x_1 et x_2 ; leur <u>composé</u> $Q = Q_1 \cup Q_2$ est l'hémi-questionnaire (X,Γ,q) défini par les conditions suivantes :

1) si $x_1 = x_2$, il existe x_0 appartenant à X, tel que $x_0 = x_1 = x_2$, racine de Q.

2) si $x_1 \neq x_2$, il existe x_0 appartenant à $X - (X_1 \cup X_2)$, tel que:

$$\Gamma^{-1}x_0 = \emptyset \; ; \; \Gamma x_0 = \{x_1,x_2\} \; ; \; q(x_0) = q(x_0,x_1) = q(x_0,x_2) = 1.$$

3) tout x appartenant à F_1 et à F_2 appartient à X, et, de plus:

- tout y appartenant à $\Gamma_1 x$ et $\Gamma_2 x$ appartient à Γx.
- tout y appartenant à $\Gamma_i x$ et non à $\Gamma_j x$, $i \neq j$, $i=1$ ou 2, $j=1$ ou 2, implique l'existence de z appartenant à $\Gamma x \cap (X-(X_1 \cup X_2))$, tel que :

  $\Gamma z = \{y, b_x^i(y)\}$ et $q(x,z)=q(z,y)=q(z,b_x^i(y))=q_i(x,y)=q_j(x,b_x^i(y))$

4) quel que soit x appartenant à F_i et non à F_j, $i \neq j$, $i=1$ ou 2, $j=1$ ou 2, il existe une bijection de $\hat{\Gamma}_i x$ dans $\hat{\Gamma} x$.

3.2. Associativité et commutativité de la composition

Donnons une propriété caractéristique de la composition mettant en évidence son associativité et sa commutativité :

Propriété : Le composé Q de deux hémi-questionnaires Q_1 et Q_2 est un hémi-questionnaire pour lequel il existe deux bijections B_1 et B_2 entre l'ensemble des chemins C joignant la racine x_o à un sommet quelconque de Q d'une part, et l'ensemble des chemins C_i joignant la racine x_i à un sommet de Q_i ($i=1$ et 2) d'autre part, tous les sommets de $C_i = B_i(C)$ appartenant à C et étant ordonnés suivant la même relation de succession sur C et sur C_i, les sommets de C n'appartenant pas à C_i éatnt des hémi-questions de Q, les valeurs des applications q et q_i étant conservées pour les sommets homologues ($i=1$ et 2).

Démonstration : La définition implique les résultats énoncés dans la propriété. Montrons que réciproquement, tout hémi-questionnaire Q obtenu d'après cette propriété est équivalent au composé de Q_1 et Q_2 :

a) x_o appartient à X_i, pour $i=1$ ou 2 ; donc x_o n'appartient pas à F'' et, par conséquent, x_o appartient à X_j, $i \neq j$, $j=1$ ou 2, sinon il existerait un chemin C_j de x_o à x_j, ce qui est impossible si x_o n'appartient pas à F''. Donc, si x_o appartient à X_i, x_o appartient aussi à X_j, $i \neq j$.

b) x_o n'appartient ni à X_1, ni à X_2 ; donc x_o appartient à F'' et il existe un hémi-questionnaire neutre de racine x_o dont les seuls terminaux sont x_1 et x_2. Par conséquent, il est équivalent à un hémi-questionnaire neutre dichotomique à une seule hémi-question x_o.

Etudions maintenant les autres sommets de X :

a) tout x appartenant à $F_1 \cap F_2$, appartient à X, puisqu'il existe un chemin de x_i à x dans Q_i, $i=1$ et 2, ce qui entraîne l'existence d'un chemin de x_o à x dans Q.

- tout y appartenant à $\Gamma_1 x \cap \Gamma_2 x$ appartient à X pour la même raison.

  Supposons que y n'appartienne pas à Γx ; il existe alors z appartenant à F'' tel que z appartienne à Γx et y à $\hat{\Gamma} z$. Il existe donc un hémi-questionnaire de racine z qui soit neutre et dont un des terminaux soit y ; ses seuls terminaux ne peuvent être que des successeurs de x ; il est équivalent à l'hémi-questionnaire neutre arborescent à une seule hémi-question.

  Donc il existerait y', différent de y, appartenant à $\Gamma_i x$ et à Γz, tel que :

  $$q(y') \geqslant q_i(y') + q(z,y') > q_i(y').$$

  Ce résultat est impossible ; donc y doit appartenir à Γx.

- soit y appartenant à $\Gamma_i x$ et non à $\Gamma_j x$, $i \neq j$, $i=1$ ou 2, $j=1$ ou 2 ; il doit exister z appartenant à la fois à F'', à Γx, et à $\hat{\Gamma}^{-1} y$, sinon y appartiendrait à Γx et $b_x^i(y)$ serait confondu avec y pour respecter les valeurs de $q(x,y)$ et $q(x,b_x^i(y))$.

  En conséquence, il existe un sous-hémi-questionnaire neutre de racine z dont les seuls terminaux sont des successeurs de x. Par respect des valeurs de q, ces seuls terminaux sont y et $b_x^i(y)$. Il est donc équivalent à un hémi-questionnaire neutre dichotomique de seule hémi-question z.

b) soit un sommet x appartenant à F_i et non à F_j, $i \neq j$, $i=1$ ou 2, $j=1$ ou 2. Tout descendant de x dans Q_i correspond à un descendant de x dans Q. S'il existe un sous-hémi-questionnaire neutre de racine y appartenant à $\hat{\Gamma}x$, ses terminaux ne peuvent appartenir qu'à F_i, sinon, il existerait un chemin de x à y dans Q, ce qui est impossible. Il introduit donc un accroissement de $q(z)$ par rapport à $q_i(z)$, pour au moins un sommet z de $\hat{\Gamma}x \cap F_i$, ce qui est impossible.

Il existe donc une bijection de $\hat{\Gamma}_i x$ dans $\hat{\Gamma}x$.

4. TREILLIS D'HEMI-QUESTIONNAIRES

4.1. Définition d'une relation d'ordre sur T/R.

Soient A et B deux éléments de T/R, on dit que $A \subset B$ si et seulement si $A \cup B = B$. On vérifie que la relation notée $\subset$ est une relation d'ordre.

4.2. Intersection de 2 hémi-questionnaires.

4.2.1 - La composition et la relation d'ordre qui en découle permettent de définir une opération, notée $\cap$ sur T/R :

Définition : Soient A et B deux hémi-questionnaires; leur intersection $C = A \cap B$ est l'hémi-questionnaire maximal au sens de la relation d'ordre, tel que $C \cup A = A$ et $C \cup B = B$.

4.2.2 - Associativité de l'intersection

Montrons que, quels que soient les hémi-questionnaires A, B, C, on obtient : $(A \cap B) \cap C = A \cap (B \cap C)$.

Soient $D = A \cap B$, $E = C \cap D$, $F = B \cap C$, $G = A \cap F$. Ils vérifient les relations suivantes :

$$C \cup (E \cup G) = (C \cup F) \cup E \cup G = (C \cup F) \cup E = C \cup E = C \quad (1)$$

$$A \cup G = A \quad (2)$$

$$B \cup G = (B \cup F) \cup G = B \cup (F \cup G) = B \cup F = B \quad (3)$$

Les relations (2) et (3) impliquent que $G \subset D$, puisque D est maximal; donc :

$$D \cup (E \cup G) = (D \cup E) \cup G = D \cup G = D \qquad (4)$$

Les relations (1) et (4) impliquent que $G \subset E$, puisque E est l'élément maximal vérifiant $D \cup E = D$ et $C \cup E = C$.

Par un procédé analogue, en montrant que $A = A \cup (E \cup G)$ et $F = F \cup (E \cup G)$, on trouverait que $E \subset G$.

En conséquence, $E = G$ et l'intersection est une opération associative.

4.2.3 - Distributivité de l'intersection par rapport à la composition

Montrons que $A \cap (B \cup C) = (A \cap B) \cup (A \cap C) \quad \forall A,B,C \in T/R$:

Les chemins communs à B et C appartiennent à $B \cup C$. S'ils sont aussi communs à A , ils appartiennent à $A \cap (B \cup C)$. De même, ils appartiennent à $A \cap B$ et à $A \cap C$, donc à leur composé. S'ils n'appartiennent pas à A , ils n'interviennent dans aucun de ces hémi-questionnaires.
Un chemin C_o de B non commun à C à partir d'un certain sommet x conduit à l'introduction d'une hémi-question dans $B \cup C$ sur le chemin C'_o de $B \cup C$ isomorphe à C_o. Prendre l'intersection de $B \cup C$ conduit à comparer les chemins de A à ceux de $B \cup C$, donc de prendre la portion d'un chemin C''_o de A appartenant aussi à C'_o . Il revient au même de prendre d'abord la portion de chemin commune à C''_o et à C_o , puisque l'on ne tient pas compte des arcs issus d'hémi-questions. On obtient donc le même résultat en effectuant $A \cap B$ et $A \cap C$ avant de les composer.

4.3. Treillis distributif

PROPRIETE. L'ensemble T/R , muni des opérations $\cup$ et $\cap$ a une structure de treillis distributif.

La composition et l'intersection sont toutes deux associatives et commutatives. On vient de montrer que la seconde est distributive par rapport à la première. Elles vérifient également les deux lois d' absorption :

- $A \cup (A \cap B) = A$ par définition de $\cap$.
- $A \cap (A \cup B) = A$ comme conséquence de la distributivité.

5. LONGUEUR DE CHEMINEMENT EFFICACE

5.1. Espace probabilisable d'hémi-questionnaires

5.1.1 - L'élément neutre de la composition, noté $\emptyset$, étant l'hémi-questionnaire dont le support est le latticiel $(\emptyset,\emptyset)$, on peut trouver une infinité de <u>sous-treillis</u> <u>complémentés</u> T' de T/R , chacun constituant un espace probabilisable d'hémi-questionnaires. Le complémentaire B d'un hémi-questionnaire A dans l'élément maximal H de T' est l'hémi-questionnaire vérifiant : $A \cup B = H$ et $A \cap B = \emptyset$.

<u>EXEMPLE</u>

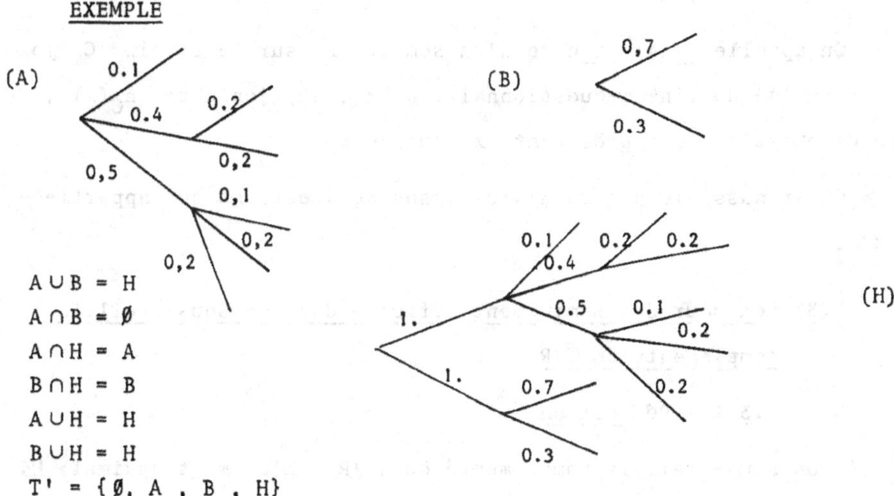

5.1.2 - Pour qu'un sous-treillis T' de T/R soit complémenté, il faut que les ensembles de terminaux des hémi-questionnaires appartenant à T' constituent un recouvrement de celui de l'élément maximal H de T'.

L'application p de T' dans $\mathbb{R}^+$ définie par :

$$p(A) = \frac{\sum_{x \in E_A} q(x)}{s(H)} \qquad \forall A \in T'$$

avec $s(H) = \sum_{x \in E} q(x)$, E_A et E étant les ensembles des terminaux de A et de H , définit une <u>loi de probabilité sur</u> T' .

Cette application p induit une <u>loi de probabilité</u> p' <u>sur l'ensemble</u> X des sommets de H , donc de tout élément de T' , définie par la relation :

$$p'(x) = \frac{q(x)}{s(H)} \qquad \forall x \in X .$$

Soit C un chemin joignant la racine x_o de H à un terminal x , on définit la probabilité de x relativement au chemin C , notée $p_C(x)$, en utilisant,la notion d'hémi-questionnaire arborescent compatible avec H , comme dans le cas des questionnaires.

5.2. Rang efficace d'un sommet

On appelle <u>rang efficace</u> d'un sommet x sur le chemin C joignant la racine de l'hémi-questionnaire à x , et l'on note $n_C(x)$, le nombre de questions qui précèdent x sur C .

C'est aussi le nombre d'arcs issus de questions qui appartiennent à C .

5.3. Longueur de cheminement efficace dans un sous-treillis complémenté de T/R.

5.3.1 - Définition

Soit T' un sous-treillis complémenté de T/R , d'élément maximal H. On appelle <u>longueur de cheminement efficace</u> d'un élément A de T' la grandeur définie par :

$$\Lambda(A) = \sum_{x \in E_A} \sum_{c \in C(x)} p'_c(x)\, n_c(x)$$

où C(x) est l'ensemble des chemins joignant la racine à x dans A.

5.3.2 - Propriété :

L'application Λ rend métrique le sous-treillis T' :

$$\Lambda(A \cup B) + \Lambda(A \cap B) = \Lambda(A) + \Lambda(B) .$$

Démonstration : Un sommet terminal x quelconque a même rang efficace $n_C(x)$ sur un chemin C, ou sur ceux qui lui sont isomorphes, dans n'importe quel élément de T' , par définition de $\cup$ et de $\cap$. Donc

$$\Lambda(A \cup B) = \sum_{x \in E_{A \cup B}} \sum_{c \in C(x)} p'_c(x)\, n_c(x)$$

$$= \sum_{x \in E_{A-(A \cap B)}} \sum_{c \in C(x)} p'_c(x)\, n_c(x) + \sum_{x \in E_{B-(A \cap B)}} \sum_{c \in C(x)} p'_c(x)\, n_c(x) + \sum_{x \in E_{A \cap B}} \sum_{c \in C(x)} p'_c(x)\, n_c(x)$$

$$\Lambda(A \cap B) = \sum_{x \in E_{A \cap B}} \sum_{c \in C(x)} p'_c(x)\, n_c(x)$$

$$\Lambda(A) = \sum_{x \in E_{A-(A \cap B)}} \sum_{c \in C(x)} p'_c(x)\, n_c(x) + \sum_{x \in E_{A \cap B}} \sum_{c \in C(x)} p'_c(x)\, n_c(x)$$

$$\Lambda(B) = \sum_{x \in E_{B-(A \cap B)}} \sum_{c \in C(x)} p'_c(x)\, n_c(x) + \sum_{x \in E_{A \cap B}} \sum_{c \in C(x)} p'_c(x)\, n_c(x)$$

D'où $\Lambda(A \cup B) + \Lambda(A \cap B) = \Lambda(A) + \Lambda(B)$.

5.4. Longueur de cheminement efficace d'un hémi-questionnaire H

5.4.1 - Définition

Soit H un hémi-questionnaire quelconque. On définit, à l'aide de la notion d'hémi-questionnaire arborescent compatible avec H , la valuation $q_C(x)$ du sommet x relativement au chemin C

joignant la racine x_o de H à x .

<u>La longueur de cheminement efficace</u> de H est définie par :

$$\Lambda(H) = \sum_{x\in E} \sum_{c\in C(x)} \frac{q_c(x)}{s(H)} n_c(x)$$

5.4.2 - <u>Propriétés</u>

1) si tous les terminaux de H ont même rang efficace n_o sur tout chemin les liant à la racine , $\Lambda(H)$ est égale à n_o.

2) si le rang efficace de tout terminal sur un chemin quelconque le liant à la racine est compris entre n_1 et n_2 , $\Lambda(H)$ est également comprise entre n_1 et n_2 .

3) si H est l'élément maximal d'un sous-treillis complémenté T' de T/R , les deux définitions de $\Lambda(H)$ sont compatibles.

4) si H est un questionnaire, $\Lambda(H)$ représente la longueur de cheminement habituellement utilisée, puisque l'application q est alors une loi de probabilité, et que $s(H) = 1$.

5.4.3 - <u>Cas d'un sous-treillis quelconque S de T/R</u>.

Soit S un sous-treillis de T/R d'élément maximal H . Dans ce cas :

$$\Lambda(A) = \sum_{x\in E_A} \sum_{c\in C(x)} \frac{q_c(x)}{s(H)} n_c(x) \qquad \forall A \in S .$$

On établit alors les inégalités suivantes :

$$\underline{\Lambda(A\cap B) \leq \min(\Lambda(A),\Lambda(B))}$$

$$\underline{\max(\Lambda(A),\Lambda(B)) \leq \Lambda(A\cup B) \leq \Lambda(A) + \Lambda(B)}.$$

<u>Démonstration</u> : Pour simplifier, on notera $\sum_{x\in Z} \sum_{c\in C(x)} \frac{q_c(x)}{s(H)} n_c(x)$ par le symbole $\Sigma(Z)$, quel que soit l'ensemble Z .

1) Γ_A, Γ_B, Γ sont les relations binaires de A , B , $A\cap B$.

$$\Lambda(A\cap B) = \Sigma(E_A\cap E_B) + \Sigma(E_A\cap\Gamma_B^{-1} E_B) + \Sigma(E_B\cap\Gamma_A^{-1} E_A) + \Sigma(\Gamma_A^{-1} E_A\cap\Gamma_B^{-1} E_B)$$

Or : $\Sigma(E_B \cap \Gamma_A^{-1} E_A) \leqslant \Sigma(E_A \cap \Gamma E_B)$

$\Sigma(\Gamma_A^{-1} E_A \cap \Gamma_B^{-1} E_B) \leqslant \Sigma(E_A \cap \Gamma(\Gamma_A^{-1} E_A \cap \Gamma_B^{-1} E_B))$

et $\Lambda(A) = \Sigma(E_A)$

$= \Sigma(E_A \cap E_B) + \Sigma(E_A \cap \Gamma_B^{-1} E_B) + \Sigma(E_A \cap \Gamma E_B)$

$+ \Sigma(E_A \cap \Gamma(\Gamma_A^{-1} E_A \cap \Gamma_B^{-1} E_B))$.

Donc $\Lambda(A \cap B) \leqslant \Lambda(A)$.

Par symétrie, on démontrerait que

$\Lambda(A \cap B) \leqslant \Lambda(B)$

Donc $\Lambda(A \cap B) \leqslant \min(\Lambda(A), \Lambda(B))$.

2) Γ_A, Γ_B, Γ sont les relations binaires de A, B, $A \cup B$.

$\Lambda(A \cup B) = \Sigma(E_A \cap E_B) + \Sigma(E_A \cap \Gamma E_B) +$

$\Sigma(E_B \cap \Gamma E_A) + \Sigma(\Gamma(\Gamma_A^{-1} E_A \cap \Gamma_B^{-1} E_B))$.

Or $\Sigma(E_B \cap \Gamma E_A) \geqslant \Sigma(E_A \cap \Gamma^{-1} E_B)$

$\Sigma(\Gamma(\Gamma_A^{-1} E_A \cap \Gamma_B^{-1} E_B)) \geqslant \Sigma(E_A \cap \Gamma(\Gamma_A^{-1} E_A \cap \Gamma_B^{-1} E_B))$

Donc $\Lambda(A \cup B) \geqslant \Lambda(A)$

De même $\Lambda(A \cup B) \geqslant \Lambda(B)$

et par conséquent $\Lambda(A \cup B) \geqslant \max(\Lambda(A), \Lambda(B))$.

D'autre part :

$\Lambda(A \cup B) + \Sigma(E_A \cap \Gamma^{-1} E_B) + \Sigma(E_B \cap \Gamma^{-1} E_A) + \Sigma(E_A \cap E_B) = \Lambda(A) + \Lambda(B)$.

Par suite $\Lambda(A \cup B) \leqslant \Lambda(A) + \Lambda(B)$.

CONCLUSION

La longueur de cheminement efficace, d'après ces propriétés, permet une évaluation du nombre moyen d'arcs parcourus "efficacement" pour atteindre un sommet terminal. Le choix du "meilleur" hémi-questionnaire entre plusieurs est alors possible, malgré l'absence de probabilités, en tenant compte du fait que, dans la pratique, les hémi-questions sont des sommets fictifs, les questions représentant un événement réel.

Références :

C.F.PICARD - Graphes et Questionnaires, Gauthier-Villars, 1972.

P. DUBREIL - M.L. DUBREIL-JACOTIN - Lecons d'algèbre moderne, Dunod.

B.BOUCHON - Réalisations de questionnaires et propositions logiques, Thèse de 3° Cycle, Paris, 1972.

QUESTIONNAIRES DE COÛT MOYEN MINIMAL

LORSQUE LES COÛTS SONT LIES A LA BASE DES QUESTIONS

G.PETOLLA

Nous nous plaçons dans le cadre de la théorie des questionnaires arborescents ; nous caractérisons a priori chaque question par sa base et son coût : nous cherchons un questionnaire C-minimal (c'est-à-dire de coût moyen minimal) parmi ceux qui possèdent le même ensemble de couples (base, coût) pour leurs questions. Nous montrons qu'il existe un sous-ensemble de questionnaires - dits huffmaniens - qui contient toujours au moins un questionnaire C-minimal. Nous donnons une procédure qui permet la construction d'un tel questionnaire, par exploration arborescente de tous les ordres totaux compatibles avec un ordre partiel donné.

INTRODUCTION

L'objet de la théorie des questionnaires est d'étudier certains processus de collecte de l'information, en vue de les rendre plus "efficaces".

Etant donné un ensemble fondamental d'événements élémentaires appelés <u>réponses</u> , il s'agit de savoir lequel d'entre eux s'est produit, en posant une séquence de <u>questions</u> : chaque question apporte une certaine quantité d'information, en réduisant le sous-ensemble de E dans lequel on a déjà situé la réponse, à une partie de celui-ci . Bien entendu, il faut préciser quelles questions sont autorisées, la question "quel est l'événement qui s'est produit ?" étant en règle générale interdite, par exemple. Ainsi plusieurs cas sont possibles, suivant que le champ des questions utilisables est plus ou moins vaste; on peut également supposer qu'une question ne sépare pas rigoureusement les différentes réponses, ou que des coûts sont associés aux différentes questions possibles, etc... Ces divers cas correspondent aux différentes parties de la théorie, questionnaires arborescents, latticiel , avec coûts, etc...

QUESTIONNAIRES ARBORESCENTS AVEC COÛTS

Dans cet article, la terminologie et les notations utilisées sont essentiellement celles des chapitres 8 et 13 (tome 2) du livre de C.PICARD [6].

Nous nous restreignons au cas des questionnaires arborescents avec coûts, dont nous rappelons la définition :

> Etant donné un ensemble fini probabilisé d'au moins deux éléments $E = \{e_1, e_2, \ldots, e_N\}$, on désigne la famille ordonnée des probabilités par $P(E) = p_1 \leq p_2 \leq \ldots \leq p_N$ $(p_1 \neq 0)$ où $p_i = p(e_i)$ pour $i = 1, 2, \ldots, N$.

1) <u>Un questionnaire arborescent avec coûts sur</u> E <u>est une arborescence</u> $K = (X, \Gamma)$ telle que :

- E est l'ensemble des sommets sans descendant ou <u>réponses</u> de K;
- $F = X - E$ est l'ensemble des <u>questions</u> de K ;
- il existe dans K un nombre réel strictement positif associé à chaque question : son <u>coût</u>.

2) <u>On rappelle que</u> :

- la <u>dépense</u> associée à un sommet x quelconque dans K est :

  $$d(x) = \sum_{f \in \Gamma^-(x)} c(f) \; ; \text{ où } \quad c(f) = \text{coût associé à } f \text{ dans } K$$

  $$\Gamma^-(x) = \text{ascendance stricte de } x \text{ dans } K$$

  on pose $d(\alpha) = 0$ pour la racine α du questionnaire.
- un sommet x est une <u>issue</u> d'une question f dans K si $x \in \Gamma(f)$
- la <u>base</u> d'une question f dans K est le nombre $a(f) = |\Gamma(f)| \geq 2$
- la <u>probabilité</u> d'une question f dans K est :

  $$p(f) = \sum_{e \in E \cap \hat{\Gamma}(f)} p(e) \; ;$$

  où $\hat{\Gamma}(x)$ est la descendance stricte de x dans K.
- la <u>dépense totale</u> d'une question f dans K est :

  $$D(f) = d(f) + c(f).$$

3) le <u>coût moyen</u> d'un questionnaire K est :

$$C(K) = \sum_{f \in F} p(f)\, c(f) = \sum_{e \in E} p(e)\, d(e).$$

Dans la suite, nous désignerons simplement par <u>questionnaire</u> un <u>questionnaire arborescent avec coûts</u>.

QUESTIONNAIRES AVEC LIAISONS BASES-COÛTS

Nous nous donnons comme précédemment les réponses E , avec leurs probabilités P(E). De plus nous considérons la famille non vide de couples :

$$R = \{(a_1,c_1),(a_2,c_2),\ldots, (a_M,c_M)\}$$

et nous supposons que :

- $a_1 \leq a_2 \leq \cdots \leq a_M$ est une famille d'entiers tous supérieurs ou égaux à 2
- $c_1,c_2,\ldots,c_M$ est une famille de réels strictement positifs
- si $a_i = a_{i+1}$, on suppose l'indiçage tel que $c_i \geq c_{i+1}$
- $N+M-1 = \sum_{i=1}^{i=M} a_i$ (on rappelle que $N=|E|$): relation de compatibilité.

Dans toute la suite, nous considérerons la classe $\mathcal{K}(E,R)$ de tous les questionnaires qui ont E pour ensemble de réponses, et tels que l'ensemble F des questions de chacun d'entre eux soit en bijection avec la famille R , le premier élément du couple associé à une question étant égal à sa base, le deuxième à son coût.

Remarques : a) $\mathcal{K}(E,R)$ est fini non vide : ceci résulte des conditions $N \geq 2$, $M \geq 1$ et $N + M - 1 = \sum_i a_i$

b) Si $K = (X,\Gamma)$ et $K' = (X',\Gamma')$ sont deux questionnaires quelconques de $\mathcal{K}(E,R)$, on a toujours $X \cap X' \supset E$

Par convention, nous désignerons par les mêmes noms les questions de chaque questionnaire de $\mathcal{K}(E,R)$. Ceci a pour conséquence une ambiguïté mineure sur la définition des sommets-questions, un même sommet désignant des questions-partitions différentes dans des questionnaires différents. Comme l'opération qui consiste à retrouver la question-partition associée à un sommet-question d'un questionnaire est immédiate, ceci n'est pas très gênant. La simplification des notations qui en résulte lorsque nous considérons des procédures opératoires définissant des suites de questionnaires est considérable et c'est la justification de cette convention ambigüe, qui revient à ne définir le concept de "question" que par rapport à un questionnaire donné.

c) $\mathcal{K}(E,R)$ étant fini et non vide, il existe toujours au moins un questionnaire C-minimal dans $\mathcal{K}(E,R)$.

d) Nous sommes parvenus au problème de trouver un questionnaire C-minimal dans $\mathcal{K}(E,R)$ par généralisations successives de l'algorithme de

Huffman :

- HUFFMAN [3] propose un algorithme pour construire un questionnaire de longueur cas où tous les coûts sont égaux à 1 minimale, lorsque toutes les bases des questions sont égales (problème du codage).
- PICARD [6] étend une première fois cet algorithme à la recherche de questionnaires L-minimaux parmi ceux qui ont la même famille de bases pour leurs questions : il suffit de construire les questions successivement en respectant le préordre des bases croissantes.
- S. PETOLLA [5] montre ensuite que l'on peut associer des coûts aux questions : si le préordre des bases croissantes est compatible avec celui des coûts décroissants, l'algorithme construit un questionnaire C-minimal.
- Nous montrons dans cet article que l'essentiel des résultats précédents est encore vrai même si les préordres ci-dessus ne sont pas compatibles : il existe un ordre total des couples (base , coût) , tel que l'algorithme appliqué en respectant cet ordre donne encore un questionnaire C-minimal.

EXEMPLE :

Considérons les six alphabets suivants :

$I = \{a,b,c,d\}$; $II = \{\alpha,\beta,\gamma\}$; $III = \{A,B,C\}$; $IV = \{R,S,T\}$; $V = \{+,-\}$ $VI = \{0,1\}$.

Supposons que le coût d'identification d'une lettre soit le même pour chaque lettre d'un même alphabet et posons :

$$C_I = 1 \; ; \; c_{II} = 8 \; ; \; c_{III} = c_{IV} = 4 \; ; \; c_V = 5 \; ; \; c_{VI} = 2 \; .$$

Soit d'autre part un ensemble des 12 items $E = \{e_1, e_2, \ldots, e_{12}\}$ muni de la distribution de probabilités $P(E)=\{1,3,5,8,8,10,10,10,11,11,11,12\}$

On cherche un code préfixe minimal complet de coût moyen minimal, parmi ceux qui sont constitués de mots ayant au plus une lettre de chaque alphabet.

Il est clair que l'ensemble $\mathcal{C}$ de ces codes est exactement $\mathcal{K}(E,Q)$. La relation de compatibilité étant vérifiée , $\mathcal{C}$ est fini et non vide, donc le problème posé a bien une solution.

PREORDRES

Un préordre sur un ensemble X est une relation binaire réflexive et transitive sur X .

Par abus de notation , nous identifierons le graphe (X,P) d'un préodre à l'ensemble P de ses arcs : tous les préordres que nous utiliserons seront définis dans le même ensemble X .

Nous utiliserons les différentes écritures suivantes :

- $x\ P\ y$ ou $(x,y) \in P$ ou $x \leq y \pmod P$ ou (x,y) est un arc de P
- $x = y \pmod P \Leftrightarrow (x,y) \in P$ et $(y,x) \in P$;
  $\delta(P) = \{(x,y) \in P \mid x = y \pmod P\}$: le graphe $(X,\delta(P))$ est l'équivalence associée au préordre P : $\delta(P) = \emptyset$ si et seulement si P est un ordre.
- $x < y \pmod P \Leftrightarrow (x,y) \in P$ et $(y,x) \notin P$;
  $\gamma(P) = \{(x,y)\ P \mid x<y \pmod P\}$: le graphe $(X,\gamma(P))$ est l'ordre associé au préordre P ; $\gamma(P)$ est un ordre total si et seulement si P est un ordre total ; $\gamma(P) = P$ si et seulement si P est un ordre.

  Il est clair que : $P = \delta(P) \cup \gamma(P)$ et $\gamma(P) \cap \delta(P) = \emptyset$.

  Dans l'ensemble $\Pi(X)$ de tous les préordres définis sur le même ensemble X , nous définissons les deux relations binaires suivantes:

- "P_1 est plus fin que P_2" si et seulement si :
  $P_1 \subset P_2$ (relation d'ordre dans $\Pi(X)$).
- "P_1 et P_2 sont compatibles" si et seulement si :
  le graphe $(X,\gamma(P_1) \cup \gamma(P_2))$ n'a pas de circuit autre que ses boucles.

Remarque : la relation de compatibilité n'est pas une relation d'équivalence dans $\Pi(X)$ car elle n'est pas transitive.

On peut montrer facilement :

- que l'inclusion implique la compatibilité
- qu'un préordre total T et un autre préordre P sont compatibles si et seulement si $\gamma(P) \subset T$.

Ce qui permet de démontrer :

PROPRIETE 1 : deux préordres définis sur le même ensemble X sont compatibles si et seulement si il existe un ordre total sur X compatible avec chacun d'entre eux.

Preuve : il suffit de remarquer qu'un graphe n'a pas d'autre circuit que ses boucles si et seulement si il est inclus dans un ordre total.

PROPRIETE 2 : Si deux préordres P_1 et P_2 définis sur un même ensemble X sont tels que il existe deux éléments distincts x , y de X vérifiant $x < y \pmod{P_1}$ et $y < x \pmod{P_2}$, ils sont incompatibles.

Preuve: $[x,y,x]$ est un circuit de longueur 2 dans $\gamma(P_1) \cup \gamma(P_2)$.

Remarque : la réciproque est fausse :

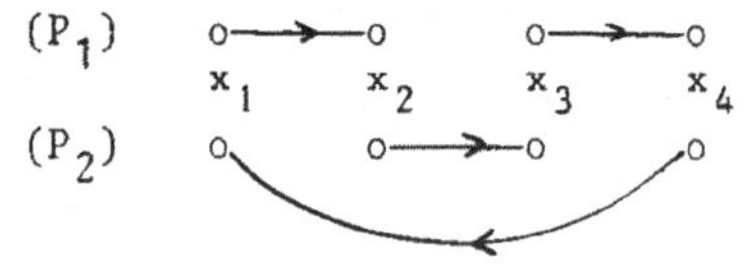

(P_1) $x_1 \to x_2$, $x_3 \to x_4$

(P_2) $x_3 \to x_4$, $x_4 \to x_1$

les deux ordres partiels ci-contre ne sont pas compatibles, et il n'existe aucune paire x_i, x_j de sommets qui vérifie la propriété de l'énoncé.

Nous avons cependant le résultat suivant, très utile dans la suite :

PROPRIETE 3 : La réciproque de la propriété 2 est vraie si l'un des deux préordres P_1 ou P_2 est complet.

Preuve : Supposons par exemple P_2 complet. Dans ce cas la compatibilité se traduit par $\gamma(P_1) \subset P_2$; donc, s'ils sont incompatibles $\exists(x,y) \in \gamma(P_1)$ tel que $(x,y) \notin P_2$: on a donc $(y,x) \in \gamma(P_2)$, d'où le résultat annoncé.

Nous aurons besoin dans la suite de la définition suivante :

Une section initiale d'un préordre P sur X est un sous-ensemble A de X tel que :

$\forall a \in A$, $\forall x \in X-A$ on a : $[a \leq x \pmod P]$ ou $[(a,x) \notin P$ et $(x,a) \notin P]$

ou autrement dit :

$\forall a \in A$, il n'existe aucun x de X-A tel que : $x < a \pmod P$.

PREORDRES ASSOCIES A UN QUESTIONNAIRE

Les différents préordres associés "naturellement" à un questionnaire jouent un grand rôle vis-à-vis de la C-minimalité du questionnaire considéré.

Soit donc un questionnaire $K = (X,\Gamma)$ de $\mathcal{K}(E,R)$, F l'ensemble de ses questions. Nous utiliserons :

1) le préordre P des probabilités croissantes sur X

$x \leq y \pmod P \Leftrightarrow p(x) \leq p(y)$

2) <u>le préordre d des dépenses décroissantes sur X</u>

$x \leq y (\text{mod } d) \Leftrightarrow d(x) \geq d(y)$

3) <u>le préordre D des dépenses totales décroissantes sur F</u>

$f \leq g (\text{mod } D) \Leftrightarrow D(f) \geq D(g)$

4) <u>le préordre B des bases croissantes sur F et sur R</u> :

(sur F) $f \leq g (\text{mod } B) \Leftrightarrow a(f) \leq a(g)$;
(sur R) $(a_i, c_i) \leq (a_j, c_j) (\text{mod } B) \Leftrightarrow a_i \leq a_j$

5) <u>le préordre C des coûts décroissants sur F et sur R</u> :

(sur F) $f \leq g (\text{mod } C) \Leftrightarrow c(f) \geq c(g)$;
(sur R) $(a_i, c_i) \leq (a_j, c_j) (\text{mod } B) \Leftrightarrow c_i \geq c_j$

6) <u>le préordre PO des bases croissantes et coûts décroissants sur F et sur R</u>

(sur F) $f \leq g (\text{mod } PO) \Leftrightarrow a(f) \leq a(g)$ <u>et</u> $c(f) \geq c(g)$; $PO = B \cap C$
(sur R) $(a_i, c_i) \leq (a_j, c_j) (\text{mod } PO) \Leftrightarrow a_i \leq a_j$ <u>et</u> $c_i \geq c_j$

7) <u>le préordre K défini par l'arborescence sur X</u>

$x \leq y$ (mod K) $\Leftrightarrow$ $x=y$ <u>ou</u> x est un descendant de y dans K.

(c'est l'opposé du préordre défini habituellement).

<u>Remarque</u> : Les préordres B , C, et PO sont définis à la fois sur F et sur R : il n'y a aucun inconvénient à les confondre, la correspondance entre eux étant immédiate.

Par contre, s'il existe des couples égaux dans la famille R, un ordre total Ω sur F n'induit pas un ordre total unique Ω' sur R : tout dépend de la manière d'affecter les couples bases-coûts aux différentes questions de F ; en fait, ceci n'est pas très gênant car tous les ordres totaux Ω' induits sur R par un même ordre total Ω sur F ne peuvent différer entre eux que pour des couples égaux dans la famille R : par convention nous appellerons Ω l'ordre total unique induit sur R qui respecte la condition suivante : lorsque à une question f peuvent correspondre plusieurs couples égaux dans R , on choisit celui dont l'indice est minimal parmi ceux encore affecté à une des questions précédant f dans Ω .

Exemple :

$$R = \left\{ \begin{array}{cccccc} 1 & 2 & 3 & 4 & 5 & 6 \\ \hline 2 & 2 & 3 & 3 & 3 & 4 \\ 5 & 1 & 8 & 4 & 4 & 1 \end{array} \right\}$$

où par exemple $r_3 = (3,8)$

$\Omega'_1 = r_1\ r_2\ r_4\ r_3\ r_5\ r_6 = \Omega$

$\Omega'_2 = r_1\ r_2\ r_5\ r_3\ r_4\ r_6$

$f_1 \quad f_2 \quad f_3 \quad f_4 \quad f_5 \quad f_6 \quad \Omega/F$

(2,5) (2,1) (3,4) (3,8) (3,4) (4,1)

On dira que Ω est l'ordre induit sur R par Ω sur F .

QUESTIONNAIRES HUFFMANIENS

Un questionnaire H de $\mathfrak{X}$(E,R) sera dit Ω-huffmanien s'il existe un ordre total Ω sur F (dans H) qui vérifie l'une des trois propriétés équivalentes suivantes :

1) $\forall f \in F$, $\forall g \in F$ $f < g (\text{mod } \Omega) \Rightarrow \forall x \in \Gamma(f)$, $\forall y \in \Gamma(g)$, $p(x) \leq p(y)$

2) $\forall f \in F$, $\Gamma(f)$ est une section initiale pour le préordre P sur : $X - \{ \bigcup\limits_{g<f \ (\text{mod } \Omega)} \Gamma(g)\}$

3) Si P_Ω est le préordre total défini sur $\overline{X} = X - \{\alpha\}$ par :

$\forall x \in \overline{X}$, $\forall y \in \overline{X}$, $x = y (\text{mod } P_\Omega) \Leftrightarrow \Gamma^-(x) = \Gamma^-(y)$ et $x < y (\text{mod } P_\Omega) \Leftrightarrow \Gamma^-(x) < \Gamma^-(y) (\text{mod}\Omega)$

Alors P_Ω est compatible avec P sur X .

L'équivalence de ces trois formulations est triviale. On peut remarquer qu'il peut exister plusieurs ordres totaux qui vérifie cette définition pour un même questionnaire : néanmoins ceux-ci ne peuvent être différents que pour des questions pour lesquelles l'ensemble de leurs issues est équiprobable.

Enfin, les questionnaires Ω-huffmaniens sont tous ceux qui peuvent être construits par l'algorithme suivant, dérivé de celui de Huffman [4] . Soit Ω un ordre total donné sur R (par convention, si $i < j$ et si $r_i = r_j$ on suppose $r_i < r_j (\text{mod } \Omega)$).

Algorithme :

A - Numéroter de 1 à N les réponses de E suivant des probabilités croissantes.

B - Adjoindre à ces N sommets-réponses les M sommets-questions construits en C .

C - Pour $\dot{I} = 1$ à M , former la question de numéro $N+\dot{I}$ et de coût $c_{\dot{I}}$ en regroupant les $a_{\dot{I}}$ sommets (questions ou réponses) de plus petits numéros parmi ceux déjà construits , avec $r_{\dot{I}} = (a_{\dot{I}}, c_{\dot{I}})$ = le couple de numéro $\dot{I}$ dans l'ordre total Ω .

Il est clair que tout questionnaire Ω-huffmanien peut être construit par cet algorithme, et que tout questionnaire construit par cet algorithme est Ω-huffmanien.

DEMONSTRATION DES RESULTATS

Rappelons brièvement la définition des opérations de transfert dans un questionnaire.

Transfert T_0 (ou échange de bases).

Soit un quadruplet K , x , y , U tel que :

- $K = (X,\Gamma) \in \mathfrak{X}(E,R)$
- x et $y \in F$; $a(y) - a(x) = s > 0$
- $U = \{t_1,t_2,\ldots,t_s\}$ avec $t_i \in \Gamma(y)$ et $(y,t_i) \notin [y,x]$ (chemin de g vers x, s'il en existe un).

Alors $T_0(K,x,y,U) = K' = (X,\Gamma') \in \mathfrak{X}(E,R)$ défini par :

- les arcs (y,t_i) sont supprimés pour $i = 1,2,\ldots,s$
- ils sont remplacés par les arcs (x,t_i) pour $i = 1,2,\ldots,s$
- les coûts de x et de y sont échangés
- on recalcule les probabilités des ascendants non communs à x et à y.
- on recalcule les dépenses des descendants non communs à x et à y.

Si $\hat{\Gamma}(x) \cap \hat{\Gamma}(y) = \emptyset$, on démontre que :

$$C(K')=C(K) + (p(x)-p(y))(c(y)-c(x))+p(U)(d(x)+c(y)-d(y)-c(x))$$

sinon: $C(K')=C(K) + \ldots + p(U)(d(x)-d(y))$; avec $p(U) = \sum_{i=1}^{s} p(t_i)$;

toutes les valuations intervenant dans la formule étant prises dans K.

Transfert T_1 (ou échange de coûts).

Soit le triplet K , x , y tel que :

- $K \in \mathfrak{X}(E,R)$
- x et $y \in F$; $a(x) = a(y)$; $x \neq y$

Alors $T_1(K,x,y) = K' \in \mathfrak{X}(E,R)$ défini par :

- les arcs de K ne sont pas modifiés
- les coûts c(x) et c(y) sont échangés.

On démontre que :

$$C(K') = C(K) + (p(x) - p(y))(c(y)-c(x)).$$

Les valuations sont prises dans K .

Transfert T_2 (échange d'arcs ou transfert de sous-arborescences)

Soit le triplet K, x, y tel que:

- $K \in \mathcal{K}(E,R)$
- x et $y \in X$; $x \neq y$; x et y ne sont pas sur un même chemin.

Alors $T_2(K,x,y) = K' \in \mathcal{K}(E,R)$ défini par :

- les arcs (t,x) et (z,y) sont supprimés
- ils sont remplacés par les deux arcs (t,y) et (z,x)
- les probabilités des ascendants non communs à x et y sont recalculées
- les dépenses de x et de y et de leurs descendants sont recalculées.

On démontre que :

$$C(K') = C(K) + (p(x)-p(y))(d(y)-(d(x)).$$

Les valuations sont prises dans K .

Les propositions 1 et 2 sont des conditions nécesssaires de C-miminalité. Les propositions 3 et 4 montrent par des procédures algorithmiques l'existence de questionnaires C-minimaux possédant certaines propriétés. Le théorème est la synthèse de ces deux propositions. On déduit du théorème un algorithme pour la construction d'un questionnaire C-minimal particulier.

Nous sommes alors en mesure de démontrer les résultats suivants:

PROPOSITION 1 : Dans tout questionnaire C-minimal de $\mathcal{K}(E,R)$, le préordre des probabilités croissantes sur X est compatible avec le préordre des dépenses décroissantes.

Preuve : Soit $K = (X,\Gamma)$ un questionnaire C-minimal dans $\mathcal{K}(E,R)$.

Les préordres P et d étant complets, les supposer non compatibles est équivalent à : (PROPRIETE 3)

$$\exists x, \exists y \quad x \text{ et } y \in X \quad \text{et} \quad x < y (\text{mod } P) \text{ et } y < x (\text{mod } d)$$

donc, par définition :

$$p(x) < p(y) \quad \text{et} \quad d(x) < d(y)$$

x et y ne peuvent donc pas appartenir à un même chemin.

Soit $K' = T_2(K,x,y)$. Il vient alors :

$$C(K') = C(K) + (p(x)-p(y))(d(y)-dx) < C(K)$$

ce qui est impossible , K étant supposé C-minimal. La proposition est donc démontrée.

PROPOSITION 2 : <u>Dans tout questionnaire C-minimal de $\mathcal{K}(E,R)$, le préordre des probabilités croissantes est compatible avec le préordre des coûts décroissants, sur tout groupe de questions de même base.</u>

Soient $K = (X,\Gamma)$ un questionnaire C-minimal , F_a un groupe de questions de base a dans K .

Si la proposition est fausse, il existe deux questions f et g de F_a telles que :

$$p(f) < p(g) \quad \text{et} \quad c(f) < c(g).$$

Alors $K' = T_1(K,f,g)$ vérifie $C(K') < C(K)$ ce qui n'est pas possible.

PROPOSITION 3 : <u>Pour tout questionnaire</u> K <u>C-minimal et pour tout ordre total</u> Ω <u>compatible avec</u> D <u>sur</u> F <u>(dans</u> K<u>), il existe une suite finie</u> $(K_o,K_1,\ldots,K_n)$ <u>de questionnaires C-minimaux, telle que</u> :

1) $K_o = K$

2) K_n <u>est</u> <u>Ω-huffmanien</u>

3) <u>Si</u> $n \geq 1$: <u>pour</u> $i = 0,1,\ldots,n-1$;

$$\exists\, x \in X \ , \ \exists\, y \in X \ , \ d(x) = d(y) \ \underline{\text{et}} \ K_{i+1} = T_2(K_i,x,y)$$

<u>Preuve</u> :

Désignons par $(F_1,F_2,\ldots,F_k)$ la partition de F (dans K) en classes d'équivalence formée de questions de <u>même dépense totale</u> , les indices croissants correspondant à des dépenses totales strictement décroissantes. L'ordre total Ω induit sur chacune de ces classes un ordre total.

Notons : $f^i_1,f^i_2,\ldots,f^i_{m(i)}$ la suite des sommets-questions de F_i dans l'ordre Ω ($|F_i| = m(i)$). Il résulte de la compatibilité de Ω avec D sur F que l'on a :

$$f^i_{m(i)} < f^{i+1}_1 (\text{mod } \Omega) \quad \text{pour} \quad i = 1,\ldots,k-1.$$

Dans la suite, nous noterons également :

$$Y(f) = \bigcup_{g \geq f (\mathrm{mod}\ \Omega)} \Gamma(g)$$

Nous considérons d'autre part les ensembles

$$X_i = \Gamma(F_i) = \{x \in X | \Gamma^-(x) \in F_i\} .$$

Il est clair que $(X_1,\ldots,X_k)$ est une partition de $\overline{X} = X - \{\alpha\}$ (α est la racine de K) en classes d'équivalence formée de sommets <u>de même dépense</u>, les indices croissants correspondants à des dépenses strictement décroissantes. Nous noterons : $Y_i(f) = (X_i) \cap Y(f)$ (seulement si $f \in F_i$).

La preuve utilise la procédure algorithmique suivante, qui définit une suite de questionnaires C-minimaux, à partir de K et de Ω .

<u>PROCEDURE RP</u> .

<u>DEBUT</u> : <u>Poser</u> $K_o = K$; $\beta = 0$, $i = 1$; <u>aller à</u> B .

B - <u>Poser</u> $j = 1$; <u>aller à</u> C

C - <u>Poser</u> $f = f_j^i$; <u>Examiner si</u> $\Gamma(f)$ est une section initiale de $Y_i(f)$ relativement au préordre P des probabilités croissantes défini dans K_β .

<u>Si oui</u> : aller à E .

<u>Sinon</u> : aller à D .

D - <u>Désigner par</u> (x,y) un des couples de $\Gamma(f) \times (Y_i(f)-\Gamma(f))$ parmi ceux qui vérifient $p(y)<p(x)$ et $p(y) = \min_{z \in (Y_i(f)-\Gamma(f))} p(z)$ dans le questionnaire K_β.

<u>Faire le transfert</u> : $K_{\beta+1} = T_2(K_\beta,x,y)$

<u>Poser</u> $\beta = \beta+1$; <u>aller à</u> C .

E - <u>Si</u> $j < m(i)$, <u>poser</u> $j = j+1$; <u>aller à</u> C.

<u>Sinon</u> : aller à F .

F - <u>Si</u> $i < k$, <u>poser</u> $i = i+1$; <u>aller à</u> B.

<u>Sinon</u> : <u>poser</u> $n = \beta$; <u>FIN</u>

Par définition, K_n est le dernier questionnaire obtenu ; nous poserons $RP(K,\Omega) = K_n$.

- Si K est Ω-huffmanien , $\Gamma(f)$ est une section initiale de $Y(f)$ (par définition), donc c'est aussi une section initiale de $Y_i(f)$ (pour le préordre P dans K), et cela quelle que soit la question f considérée.

La phase D de l'algorithme n'est donc jamais exécutée, et celui-ci se termine avec $n=\beta=0$: la suite de l'énoncé se réduit à $K_o = K$.

- Si K n'est pas Ω-huffmanien, montrons que $n \geq 1$. En effet, il existe dans K_o $(K_o=K)$ au moins deux questions f et g telles que :

  (1) $f < g \pmod \Omega$ et $\exists\, x \in f$, $\exists\, y \in g$, $p(y) < p(x)$.

  La compatibilité de Ω avec D et la PROPOSITION 1 implique $D(f) = D(g)$. Ce qui a pour conséquence qu'il existe dans K_o au moins une question f telle que $\Gamma(f)$ ne soit pas section initiale de $Y_i(f)$ pour P . La phase D de l'algorithme est donc exécutée au moins une fois, ce qui prouve que $n \geq 1$.

D'autre part, chacun des suivants x d'une même question f_j^i intervient dans au plus un transfert $T_2(K_\beta,\underline{x},y)$ (avec les notations de l'algorithme). La suite est donc finie, et peut s'écrire $(K_o,K_1,\ldots,K_n)$. Chacun des transferts $K_{\beta+1} = T_2(K_\beta,x,y)$ est bien défini, car $d(x)=d(y)$ (donc x et y né peuvent appartenir à un même chemin). De plus, la dépense d'aucun sommet n'est modifiée, donc pour tous les questionnaires de $(K_o,K_1,\ldots,K_n)$ le préordre D sur F est le même, Ω est compatible avec D et les partitions $(F_1,\ldots,F_k)$ et $(X_1,\ldots,X_k)$ sont stables. Il résulte également de $d(x) = d(y)$ que $C(K_{\beta+1}) = C(K_\beta)$, donc tous les questionnaires de la suite sont C-minimaux.

Il reste à prouver que K_n est Ω-huffmanien. Pour cela considérons le transfert $K_{\beta+1} = T_2(K_\beta,x,y)$ dans lequel $x \in \Gamma(f_j^i)$ et $y \in Y_i(f_j^i) - \Gamma(f_j^i)$, avec les conditions $p(x) > p(y) = \min\limits_{z\in Y_i(f_j^i)} p(z)$.

Un tel transfert ne modifie pas les probabilités des descendants de x ou de y , et de plus P sur X est compatible avec d dans $K_{\beta+1}$ comme dans K_β (c'est vrai pour tous les questionnaires de la suite): ceci a pour conséquence que pour toute question $g < f_j^i \pmod \Omega$ $\Gamma(g)$ est une section initiale de $Y(g)$ pour P dans $K_{\beta+1}$ si et seulement si (g) est une section initiale de $\Gamma(g)$ pour P dans K_β : or ceci est vrai dans K pour toute question $g < f_j^i \pmod \Omega$. Donc, par récurrence, la propriété est vraie pour toute question $g < \alpha \pmod \Omega$ dans K_n c'est-à-dire pour toutes les questions, car c'est trivialement vraie pour la racine $(\Gamma(\alpha) = Y(\alpha))$. Ce qui achève la démonstration de la proposition.

PROPOSITION 4 : <u>Pour tout questionnaire</u> K <u>C-minimal, il existe une suite finie</u> $(K_o,K_1,\ldots,K_q)$ <u>de questionnaires C-mininaux, telle que</u> :

1) $K_o = K$

2) Dans K_q , D et PO sont compatibles sur F .

3) Si $q \geq 1$: pour $i = 0,1,\ldots q-1$

$\exists\, x \in F$, $\exists\, y \in F$, $a(x) = a(y)$ et $p(x) = p(y)$ et $K_{i+1} = T_1(K_i,x,y)$.

La démonstration de ce résultat nécessite le lemme suivant :

LEMME : deux questions d'un questionnaire C-minimal qui contredisent la compatibilité des préordres D et PO sur F , sont nécessairement de même base et de même probabilité.

Soit $K = (X,\Gamma)$ un questionnaire C-minimal, F l'ensemble de ses questions.

Supposons qu'il existe f_i et f_j dans F telles que :

$f_i < f_j$ (mod PO) et $f_j < f_i$ (mod D)

ce qui est équivalent à :

(1) $(a_i < a_j$ et $c_i \geq c_j)$ ou $(a_i = a_j$ et $c_i > c_j)$ et $D_i < D_j$

Supposons que $a_i < a_j$: dans ce cas, posons $a_j - a_i = s$, et soit U un ensemble de s successeurs de f_j (en excluant éventuellement celui qui serait sur un chemin $[f_j,f_i]$).

Effectuons le transfert $K' = T_o(K,f_i,f_j,U)$. Si $\hat{\Gamma}(x) \cap \hat{\Gamma}(y) = \emptyset$, il vient : $C(K') = C(K)+(p_i-p_j)(c_j-c_i)+p(U)(d_i+c_j-d_j-c_i)$

Toutes les valuations sont prises dans K ; or $D_i < D_j$ et $c_i \geq c_j$ impliquent, d'une part que $d_i + c_j < d_j + c_i$, d'autre part que $d_i < d_j$, donc (PROPOSITION 1) que $p_i \geq p_j$.

Il résulte de ces inégalités que $C(K') < C(K)$, ce qui n'est pas possible.

On a donc, d'après (1) : $a_i = a_j$ et $c_i > c_j$.

Remarquons que : $a_i = a_j$ et $c_i > c_j \Rightarrow p_i \leq p_j$ (PROPOSITION 2).

On a également $p_i = p_j$, ce qui achève la démonstration du lemme.

Preuve de la proposition :

Soit $(F_1,F_2,\ldots,F_\ell)$ la partition de F en classes d'équivalence formées de questions de même base et de même probabilité dans K , les indices croissants de la suite correspondant à des probabilités décroissantes (éventuellement égales). On posera : $|F_i| = k(i)$.

La preuve utilise la procédure de reclassement des coûts suivant.

PROCEDURE RC

DEBUT : Poser : $K_o = K$; $\beta = 0$; $i = 1$. Aller à A

A - Ordonner totalement les questions de F_i en respectant le préordre des dépenses croissantes dans K_β .
Poser : $f_1^i < f_2^i < \ldots < f_{k(i)}^i$; $j=1$; aller à B .

B - Poser : $x = f_j^i$; $c = \min_{j \leq k \leq k(i)} c(f_k^i)$ (dans le questionnaire K_β)
Si : $c(f_j^i) = c$, aller à D .
Sinon : aller à C .

C - Désigner par y une question f_k^i de F_i qui vérifie : $j < k \leq \ell(i)$ et $c(f_k^i) = c$.
Faire le transfert : $K_{\beta+1} = T_1(K_\beta, x, y)$
Poser : $\beta := \beta+1$, aller à D .

D - Si : $j < k(i)$, poser $j := j+1$, aller à B.
Sinon : aller à E.

E - Si : $i < \ell$, poser $i := i+1$, aller à A .
Sinon : poser $q=\beta$. FIN

Il est clair que cette procédure est finie (aucun bouclage n'est possible). D'autre part, elle n'utilise que des transferts de coûts entre questions de même base et de même probabilité : sous réserve de la validité des autres opérations, tous les questionnaires de la suite ont donc même structure arborescente, mêmes probabilités pour tous leurs sommets, et même coût moyen. De plus, les bases des questions n'étant jamais modifiées, la partition $(F_1, F_2, \ldots, F_\ell)$ est stable. Pour en terminer avec la validité de la procédure, remarquons que l'ordre total défini dans la phase A n'est jamais remis en cause dans les phases ultérieures : en effet, un transfert de coûts n'a d'influence que sur les dépenses des descendants des deux questions concernées ; tous ces descendants appartiennent à des classes d'indices strictement plus élevées (il suffit de considérer les probabilités pour s'en convaincre) qui ne sont pas encore ordonnées.

Il reste à prouver que le dernier questionnaire obtenu, que nous noterons RC(K) , possède des préordres D et PO qui sont compatibles ; ceci est immédiat, car si f_i et f_j contredisent cette compatibilité, elles sont de même base et de même probabilité d'après le lemme ; or pour deux questions de même base et de même probabilité dans RC(K), nous avons :

$$f_i < f_j (\text{mod PO}) \Leftrightarrow c_i > c_j \Rightarrow d_i > d_j \Rightarrow D_i > D_j .$$

Il ne peut donc pas y avoir non compatibilité, ce qui achève la démonstration de la proposition 4 .

<u>Remarque</u> : même si PO et D sont compatibles dans K, la procédure ci-dessus peut donner un questionnaire RC(K) ≠ K : ceci est dû au fait que cette compatibilité est assurée dans RC(K) par une propriété plus forte, à savoir la compatibilité du préordre des dépenses croissantes avec le préordre des coûts croissants sur chaque classe F_i . Ceci est d'ailleurs sans importance, le résultat essentiel étant de prouver qu'il existe des questionnaires C-minimaux dans lesquels PO et D sont compatibles sur F.

THEOREME : <u>Etant donnés E et R , tels que $\mathcal{K}$(E,R) ne soit pas vide, il existe un ordre total Ω sur R , compatible avec le préordre partiel PO , tel que tout questionnaire Ω-huffmanien soit C-minimal dans</u> $\mathcal{K}$(E,R) .

<u>Preuve</u> :

$\mathcal{K}$(E,R) étant fini et non vide, il existe donc au moins un questionnaire C-minimal dans $\mathcal{K}$(E,R). Il résulte alors de la proposition 4 qu'il existe au moins un questionnaire C-minimal dans lequel D et PO soient compatibles. Soit K un tel questionnaire. Les préordres D et PO étant compatibles, il existe un ordre total Ω sur F qui est compatible à la fois avec D et PO (PROPRIETE 1). Le questionnaire RP(K,Ω) est Ω-huffmanien et C-minimal : de plus, Ω et PO ne sont pas modifiés par la procédure RP, donc ils sont toujours compatibles sur F ; il en est de même pour l'ordre Ω induit sur R , avec le préordre PO défini sur R . Le questionnaire RP(K,Ω) répond donc bien aux spécifications de l'énoncé. On achève la démonstration du théorème en remarquant que dans le cas où l'algorithme (cf. QUESTIONNAIRES HUFFMANIENS) peut engendrer plusieurs questionnaires Ω-huffmaniens pour le même ordre Ω sur R , ceux-ci sont tous de même coût moyen, donc tous C-minimaux dans $\mathcal{K}$(E,R)./

ALGORITHME DE CONSTRUCTION D'UN QUESTIONNAIRE HUFFMANIEN C-MINIMAL

D'après le théorème, il suffit d'explorer tous les ordres totaux Ω compatibles avec PO sur R , et de construire les Ω-huffmaniens associés pour trouver un questionnaire C-minimal dans $\mathfrak{X}(E,R)$. _On peut remplacer_ PO _par un ordre partiel maximal_ θ _inclus dans_ PO : en effet, si deux ordres totaux Ω et Ω' , tous les deux compatibles avec PO , ne diffèrent que pour des couples égaux dans R , les questionnaires huffmaniens construits sur ces deux ordres sont identiques.

Désignons par $\mathfrak{X}(E,R,\theta)$ l'ensemble des questionnaires Ω-huffmaniens de $\mathfrak{X}(E,R)$ pour lesquels Ω est compatible avec θ sur R . Il résulte du théorème et de la remarque précédente le :

COROLLAIRE : _il existe dans_ $\mathfrak{X}(E,R,\theta)$ _au moins un questionnaire C-minimal._

Les données étant E et R , l'algorithme doit effectuer les opérations suivantes :

a) Construire θ sur R .
b) Explorer les ordres totaux Ω compatibles avec θ sur R.
c) Calculer pour chacun de ces ordres totaux le coût moyen du questionnaire huffmanien associé.
d) Construire le questionnaire Ω-huffmanien de coût moyen le plus faible.

Comme nous l'avons déjà dit, nous posons :

$$R = (r_1, r_2, \dots, r_m) \quad \text{avec} \quad r_i = (a_i, c_i)$$

et nous supposons l'ordre des indices tel que :

$$(2) \qquad i < j \Rightarrow (a_i < a_j \ \text{ ou } \ a_i = a_j \ \text{ et } \ c_i \geq c_j)$$

Dans ces conditions, nous avons :

$$r_i < r_j (\text{mod } \theta) \Leftrightarrow (i < j \text{ et } c_i \geq c_j)$$

Afin de faciliter l'opération b) , nous remplacerons θ par son graphe de Hasse B (c'est-à-dire θ débarrassé de ses arcs de transitivité) :

$(r_i, r_j) \in B \Leftrightarrow r_i < r_j (\text{mod } \theta)$ et il n'existe aucun chemin $[r_i, \dots, r_j]$ dans

B n'est pas un ordre, c'est un graphe sans circuit sur R . Nous pouvons remplacer θ par B pour effectuer l'opération b), à cause du résultat suivant :

PROPRIETE 4 : Un ordre partiel $\mathcal{O}$ sur un ensemble X est compatible avec un ordre total Ω sur X si et seulement si le graphe de Hasse associé à $\mathcal{O}$ est inclus dans Ω .

En effet, pour un ordre quelconque $\gamma(\mathcal{O}) = \mathcal{O}$, donc la compatibilité de $\mathcal{O}$ et de Ω s'écrit $\mathcal{O} \subset \Omega$. Comme $B \subset \mathcal{O}$, on en déduit $B \subset \Omega$. Réciproquement, si $B \subset \Omega$, alors les fermetures reflexo transsitives $\tau(B)$ et $\tau(\Omega)$ vérifient $\tau(B) \subset \tau(\Omega)$. Or $\tau(B) = \mathcal{O}$ et $\tau(\Omega) = \Omega$, ce qui démontre la propriété./

Nous donnons ci-dessous un algorithme, qui construit $\mathcal{O}$ (plus exactement B) sur R (phase A), et qui par une exploration arborescente de $\mathcal{H}(E,R,\mathcal{O})$ exhibe un ordre Ω et un questionnaire Ω-huffmanien C-minimal, (phase B).

ALGORITHME DE CONSTRUCTION D'UN HUFFMANIEN C-MINIMAL

Notations générales : E est l'ensemble des réponses, P(E) la famille des probabilités sur E , R la famille des couples (base,coût) vérifiant la propriété (2) ci-dessus.

DEBUT :

Phase A : (construction du graphe $B = (R,\Gamma)$ par son tableau des précédents).

1 - Poser $\Gamma^-(r_i) = \emptyset$ pour $i = 1,2,\ldots,m$. Aller à 2 .

2 - Pour $j = m,m-1,\ldots,2$, faire 3 .

3 - Pour $i = j-1,\ldots,1$:

Poser : $r_i \in \Gamma^-(r_j)$ si et seulement si :

$c_i \geq c_j$ et $((\Gamma^-(r_i) = \emptyset)$ ou $(r_k \in \Gamma^-(r_j) \Rightarrow c_i < c_k))$

Phase B :(exploration arborescente de $\mathcal{H}(E,R\mathcal{O})$ et construction d'un questionnaire huffmanien C-minimal).

1 - Au départ, poser : $i=k=0$; $C=0$; $C_m=+\infty$; $\Omega_o=\Omega=\emptyset$; $P=P(E)$

Aller à 2.

2 - Poser : $S_i = \{s\in R|\Gamma^-(s)\cap(R-\Omega) = \emptyset\}$ (à ce stade, aucun élément de S_i n'est marqué)

Aller à 3.

3 - S'il y a dans S_k des éléments non marqués, soit $s = (a,c)$ celui de plus petit indice : marquer s ; poser k= +1 ; aller à 4.

Sinon : aller à 6 .

4 - Poser $\omega_k = s = (a,c)$; adjoindre ω_k à Ω comme plus grand élément.

Appeler Π_k une famille constituée par les a plus petites probabilités de P ; soit q_k la somme des probabilités de Π_k ;

Poser : $C = C + q_k \cdot c$; $P = (P \cup \{q_k\}) - \Pi_k$.

Si $k = M$ ($|R| = M$) , aller à 5 .

Sinon ($k < M$) poser $i=k$; aller à 2 .

5 - Si $C < C_m$ poser $C_m = C$ et $\Omega_o = \Omega$; aller à 6.

Sinon : aller à 6 .

6 - Si : $k > 0$; poser $C = C - q_k \cdot c(\omega_k)$ (on pose: $c(\omega_k) = c$ si $\omega_k = (a,c)$)

poser: $P = P \cup \Pi_k - \{q_k\}$;

poser: $k = k-1$; aller à 3 .

Sinon : ($k=0$) FIN

La procédure d'exploration arborescente utilisée ici est classique : pour plus d'information à ce propos, on pourra consulter B.ROY [7] . A la fin de l'algorithme, l'ordre total cherché est celui de Ω_o, les questions du questionnaire Ω_o-huffmanien associé sont (q_M, Π_M) , (q_{M-1}, Π_{M-1}) ... (q_1, Π_1) et le coût moyen est C_m .

Nous explorons systématiquement l'arborescence entière; en effet, dans ce cas particulier, il n'y aurait rien à gagner à faire une exploration dirigée en fonction d'une évaluation : il faudrait retenir à chaque instant toutes les données relatives à toutes les situations représentées par les sommets de l'arborescence , ce qui augmenterait considérablement le volume occupé en mémoire, alors que la diminution du nombre des ordres totaux à explorer ne serait pas très importante, les évaluations que l'on peut utiliser ici étant très mauvaises.

D'autre part, et bien que nous n'en ayons pas la preuve, il y a peu d'espoir à notre avis de pouvoir caractériser mathématiquement l'ordre Ω_o cherché par une propriété opératoire, c'est-à-dire donnant naissance à un algorithme direct, car les exemples faits montrent que le choix du couple (a,c) à utiliser à un moment quelconque de l'algorithme dépend de toutes les données : toutes les probabilités de P(E), toutes les bases, tous les coûts; naturellement, ceci n'exclut pas que l'on puisse faire appel à d'autres techniques, indépendantes de l'algorithme d'Huffman , pour résoudre ce problème.

Pour terminer, nous reprenons l'exemple donné au début de cet article, pour en détailler la solution.

EXEMPLE D'APPLICATION.

Avec nos notations , nous avons :

$P(E) = (1,3,5,8,8,10,10,10,11,11,11,12)$ en centièmes.

$R = (r_1, r_2, r_3, r_4, r_5, r_6)$ avec :

$r_1=(2,5)$; $r_2=(2,2)$; $r_3=(3,8)$; $r_4=(3,4)$; $r_5=(3,4)$; $r_6=(4,1)$.

Phase A :

Le graphe (R,Γ) obtenu est le suivant :

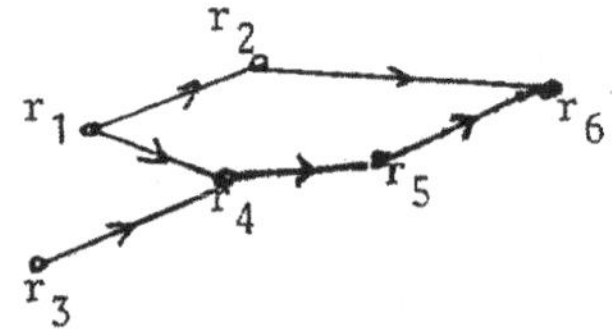

$B = (R,\Gamma)$

x	$\Gamma^{-}(x)$
r_1	
r_2	r_1
r_3	
r_4	r_1, r_3
r_5	r_4
r_6	r_2, r_5

Tableau des précédents associé à B

Phase B :

L'exploration arborescente donne le résultat suivant:
(pour faciliter la lecture, nous avons remplacer r_i par le nombre $a_i c_i$; par convention, le premier (34) rencontré sur chaque chemin est r_4).

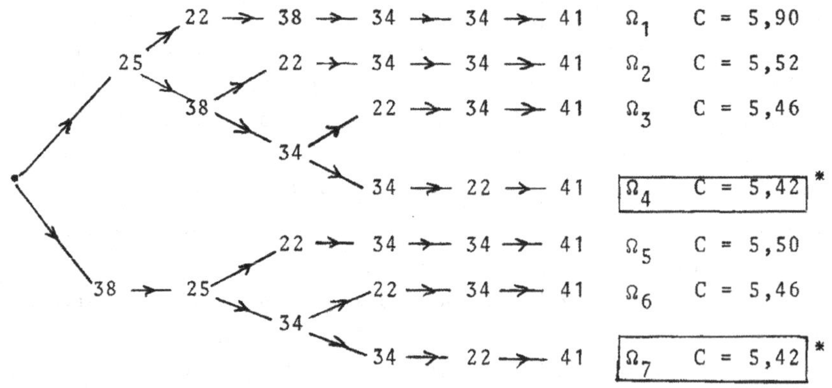

Par exemple, le questionnaire obtenu à partir de Ω_7 est :

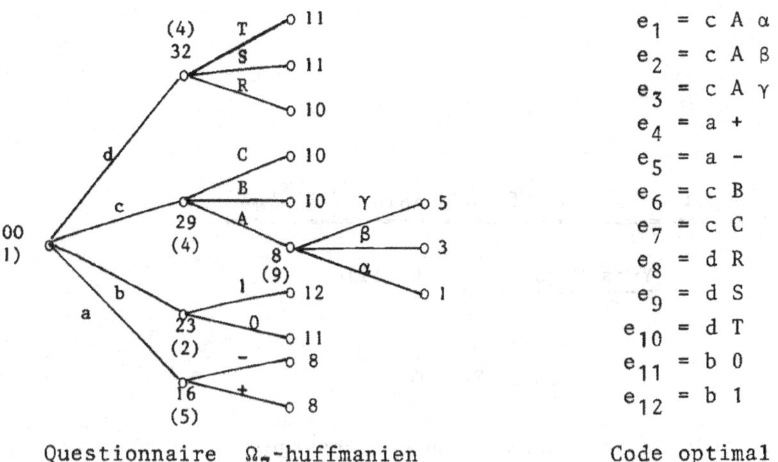

Questionnaire Ω_7-huffmanien Code optimal

Références :

[1] CESARI Y. - Quelques algorithmes de la théorie des questionnaires et de la théorie des codes, Thèse, Paris (1973).

[2] DUNCAN G.T. - In Annals of Mathematical statistics (oct. 70).

[3] HUFFMAN D.A. - A method for the construction of minimum redundancy codes, Proc. Inst. Radio Engrs, 9 (1952).

[4] PETOLLA G. - Coûts, contraintes, ordres et questionnaires, Thèse 3° Cycle, Paris (1970).

[5] PETOLLA S. - Extension de l'algorithme d'Huffman à une classe de questionnaires avec coûts, Thèse 3° Cycle, Lyon , (1969).

[6] PICARD C.F. - Graphes et Questionnaires, Tome 2, Gauthier-Villars, (1972).

[7] ROY B. - Algèbre moderne et théorie des graphes, Dunod, Paris (1969-70).

QUESTIONNAIRES AVEC CONTRAINTES DE RANG

Yves Césari - Montpellier

1. INTRODUCTION

Dans l'étude de la transmission des messages engendrés par une source stationnaire au moyen d'un canal sans bruit, Shannon [2] introduit l'information de la source comme limite du nombre moyen minimum de symboles transmis par message élémentaire fourni par la source.

Cette manière de procéder ne fait intervenir ni le dispositif de codage, ni le dispositif de décodage et de réception des messages. Il peut cependant arriver que le dispositif de codage et de décodage impose des contraintes aux longueurs des mots de l'alphabet de transmission utilisés pour coder un message élémentaire.

Nous étudierons donc le codage lorsque la longueur du code de chaque message élémentaire est bornée inférieurement et supérieurement.

Dans le langage de la théorie des questionnaires arborescents homogènes [1] , nous obtenons le problème suivant :

Soit $E = \{e_1, e_2, \dots e_n\}$ un ensemble fini d'éventualités,

$(p_1, p_2, \dots p_n)$ une distribution de probabilités sur E .

$(R_1, R_2, \dots R_n)$ une distribution d'entiers sur E .

$(R'_1, R'_2, \dots R'_n)$ une autre distribution d'entiers sur E .

a un entier de base du questionnaire.

On se propose de rechercher le questionnaire homogène de base a, de longueur de cheminement minimale et tel que, pour toute éventualité $e_i \in E$, le rang r_i de e_i soit supérieur à R'_i et inférieur à R_i.

Il est clair que, pour que ce problème ait une solution, il faut que les distributions d'entiers vérifient pour toute éventualité e_i, $R'_i \leq R_i$.

On peut remarquer aussi que si $\sum_{e_i \in E} a^{-R_i}$ est strictement supérieur à 1, le problème n'admet pas de solution, et que si $\sum_{e_i \in E} a^{-R_i}$ est égal à 1, la seule solution est $r_i = R_i$ où r_i est le rang de l'éventualité e_i. Enfin si $\sum_{e_i \in E} a^{-R'_i}$ est inférieur à 1, la solution optimale est $r_i = R'_i$.

Nous supposerons donc par la suite que les distributions R_i et R'_i sont telles que :

$$R'_i \leq R_i \,, \quad \sum_{i=1}^{n} a^{-R_i} < 1 \quad \text{et} \quad \sum_{i=1}^{n} a^{-R'_i} > 1 \,.$$

2. ETUDE INFORMATIONNELLE

La recherche du questionnaire homogène de base a optimal avec la contrainte de rang revient à chercher une distribution d'entiers $(r_1, r_2, \ldots r_n)$ sur E telle que $L = \sum_{i=1}^{n} p_i\, r_i$ soit minimum avec les conditions

$$R'_i \leq r_i \leq R_i \quad \text{et} \quad \sum_{i=1}^{n} a^{-r_i} \leq 1 \,.$$

Nous allons montrer qu'il est possible de trouver une solution à ce problème en supprimant la contrainte d'avoir des rangs entiers.

Soit donc à trouver une distribution de réels $(\rho_1, \rho_2, \ldots \rho_n)$ telle que $\Lambda = \sum_{i=1}^{n} p_i\, \rho_i$ soit minimum avec les conditions

$$R'_i \leq \rho_i \leq R_i \quad \text{et} \quad \sum_{i=1}^{n} a^{-\rho_i} \leq 1 \,.$$

Posons alors $a^{-\rho_i} = \Pi_i$; le problème revient à trouver une distribution de réels $(\Pi_1, \Pi_2, \ldots \Pi_n)$ telle que $\Lambda = \sum_{i=1}^{n} p_i \log_a \frac{1}{\Pi_i}$ soit minimum avec les contraintes $a^{-R_i} \leq \Pi_i \leq a^{-R'_i}$ et $\sum_{i=1}^{n} \Pi_i \leq 1$.

<u>Lemme 1</u> : La distribution $(\Pi_1, \Pi_2, \ldots \Pi_n)$ minimisant Λ avec les contraintes $a^{-R_i} \leq \Pi_i \leq a^{-R'_i}$ et $\sum_{i=1}^{n} \Pi_i \leq 1$ est telle que :

Si $a^{-R_i} < \Pi_i < a^{-R'_i}$ et $a^{-R_j} < \Pi_j < a^{-R'_j}$ alors $\frac{\Pi_i}{p_i} = \frac{\Pi_j}{p_j}$

Si $a^{-R_i} < \Pi_i \leq a^{-R'_i}$ et $a^{-R_j} = \Pi_j < a^{-R'_j}$ alors $\frac{\Pi_i}{p_i} \leq \frac{\Pi_j}{p_j}$

Si $a^{-R_i} \leq \Pi_i < a^{-R'_i}$ et $a^{-R_j} < \Pi_j = a^{-R'_j}$ alors $\frac{\Pi_i}{p_i} \geq \frac{\Pi_j}{p_j}$

<u>Preuve</u> :

Pour établir le premier point il suffit de vérifier que $p_1 \log_a \frac{1}{\Pi_1} + p_2 \log_a \frac{1}{\Pi - \Pi_1}$ est minimum par rapport à Π_1 lorsque $\frac{\Pi_1}{p_1} = \frac{\Pi - \Pi_1}{p_2}$.

Pour établir le second point, il suffit de vérifier que la réduction de Π_i et l'accroissement de Π_j qui sont possibles réduisent Λ tant que $\frac{\Pi_i}{p_i}$ est supérieur à $\frac{\Pi_j}{p_j}$.

La troisième partie se vérifie de la même manière.

Q.E.D.

A toute solution optimale est donc attaché un coefficient λ qui est égal au rapport $\frac{\Pi_i}{p_i}$ pour toute éventualité e_i qui dans cette solution est telle que $a^{-R_i} < \Pi_i < a^{-R'_i}$.

Soit λ un réel positif et soit $(\Pi_1, \Pi_2, \ldots \Pi_n)$ la distribution des réels définie par :

si $a^{-R_i} \leq \lambda\, p_i \leq a^{-R'_i}$ alors $\Pi_i = \lambda\, p_i$

sinon si $a^{-R_i} > \lambda\, p_i$ alors $\Pi_i = a^{-R_i}$

sinon $a^{-R'_i} < \lambda\, p_i$ et alors $\Pi_i = a^{-R'_i}$.

La distribution $(\Pi_1,\Pi_2,\dots \Pi_n)$ ainsi définie satisfait bien les trois conditions du lemme 1 et toute distribution satisfaisant le lemme 1 avec la contrainte $a^{-R_i} \leq \Pi_i \leq a^{-R_i'}$ peut être obtenue ainsi.

Le coefficient Π_i est une fonction croissante et continue de λ qui prend toutes les valeurs de l'intervalle $[a^{-R_i}, a^{-R_i'}]$ lorsque λ varie de zéro à l'infini.

Par conséquent $\sum_{i=1}^{n} \Pi_i$ est une fonction continue et croissante de λ qui prend toutes les valeurs de l'intervalle $[\sum_{i=1}^{n} a^{-R_i}, \sum_{i=1}^{n} a^{-R_i'}]$.

Il existe donc au moins une valeur λ telle que $\sum_{i=1}^{n} \Pi_i = 1$ et toute valeur de λ telle que $\sum_{i=1}^{n} \Pi_i = 1$ donne la même distribution $(\Pi_1,\Pi_2,\dots \Pi_n)$.

Comme $\Lambda = \sum_{i=1}^{n} p_i \log_a \frac{1}{\Pi_i}$ est une fonction décroissante de λ, on obtient la solution optimum en prenant un λ tel que la distribution $(\Pi_1,\Pi_2,\dots \Pi_n)$ définie ci-dessus soit telle que $\sum_{i=1}^{n} \Pi_i$ soit égale à 1.

Dans ces conditions nous appellerons <u>information de base</u> a <u>avec contrainte de rang</u> la quantité $I_R = \sum_{i=1}^{n} p_i \log_a \frac{1}{\Pi_i}$ qui est la valeur minimum de Λ avec les contraintes.

Le fait d'appeler information cette quantité est justifié par le théorème suivant :

<u>THEOREME 1</u> : <u>La longueur de cheminement du questionnaire optimum avec contrainte de rang est supérieure à l'information de base</u> a <u>avec contrainte de rang, la différence étant strictement inférieure à</u> 1.

<u>Preuve</u>.

Nous avons obtenu l'information avec contrainte de rang en remplaçant la condition d'avoir des rangs entiers (r_i) par le condition plus faible d'avoir des rangs réels (ρ_i) ; le résultat obtenu est donc meilleur c'est-à-dire que $I_R \leq L$.

Considérons maintenant la distribution d'entiers $(r_1,r_2\dots r_n)$ définie par: r_i est le plus petit entier supérieur à $\rho_i = \log_a \frac{1}{\Pi_i}$, où

Π_i a la valeur définissant I_R.

Cette distribution d'entiers vérifie bien les contraintes du problème $\sum_{i=1}^{n} a^{-r_i} \leq \sum_{i=1}^{n} a^{-\rho_i} = \sum_{i=1}^{n} \Pi_i = 1$ et $R_i^! \leq r_i \leq R_i$ et elle est telle que $r_i < \log_a \frac{1}{\Pi_i} + 1$.

Par conséquent $L = \sum_{i=1}^{n} p_i\, r_i < \sum_{i=1}^{n} p_i \log_a \frac{1}{\Pi_i} + 1 = I_R + 1.$

Q.E.D.

3. "CODAGE PAR BLOC" ET CONTRAINTE DE RANG.

Dans le premier théorème du codage, Shannon a établi que la contrainte d'avoir des rangs entiers peut être effacée par la méthode du "codage par bloc".

Précisément, soit m un entier et E^m la puissance cartésinne de l'ensemble des éventualités munie de la distribution de probabilité $p(e_{i1}, e_{i2}, \ldots e_{im}) = p_{i1} \cdot p_{i2} \cdot \ldots \cdot p_{im}$; alors le questionnaire homogène de base a optimum séparant l'ensemble E^m a une longueur de cheminement L_m telle que $L_m - m\, I(E) < 1$; donc $\frac{L_m}{m} - I(E) < \frac{1}{m}$ où $I(E)$ est l'information en base a attachée à la distribution de probabilité sur E .

Nous considérons l'ensemble E^m et la distribution de probabilité ci-dessus et nous attachons la contrainte $R^{(m)}(e_{i1}, e_{i2}, \ldots e_{im}) = R_{i1} + R_{i2} + \ldots + R_{im}$.

Nous supposons qu'il n'existe pas de contrainte minorante , c'est-à-dire que $R_i^! = 0$ $(i=1,2,\ldots n)$.

Nous montrerons que, dans ces conditions, la contrainte de rang est effacée par le codage par bloc si $\sum_{i=1}^{n} a^{-R_i}$ est strictement inférieure à 1 .

<u>LEMME 2</u> .

<u>En l'absence de contrainte minorante, le coefficient λ définissant l'information de base a avec contrainte de rang est inférieur à 1 et la différence entre l'information de base a avec contrainte de rang et l'information de base a sans contrainte est inférieure à</u> $\log_a \frac{1}{\lambda}$.

Preuve.

Soit E_1, E_2 une partition de E définie par :

$$E_1 = \{ e_i \in E \ ; \ \lambda p_i > a^{-R_i} \}$$

$$E_2 = \{ e_i \in E \ ; \ \lambda p_i \leq a^{-R_i} \}$$

alors $\Pi_i = \lambda p_i$ lorsque $e_i \in E_1$ et $\Pi_i = a^{-R_i}$ lorsque $e_i \in E_2$.

Par ailleurs $\sum_{i=1}^{n} \Pi_i = 1$.

On obtient $\lambda \sum_{e_i \in E_1} p_i + \sum_{e_i \in E_2} a^{-R_i} = 1$.

Soit $1 - \lambda \sum_{e_i \in E_1} p_i \geq \lambda \sum_{e_i \in E_2} p_i$ soit $\lambda \leq 1$.

Enfin $I_R = \sum_{i=1}^{n} p_i \log_a \frac{1}{\Pi_i} \leq \sum_{i=1}^{n} p_i \log_a \frac{1}{\lambda p_i} = \sum_{i=1}^{n} p_i \log_a \frac{1}{p_i} + \log_a \frac{1}{\lambda}$,

puisque Π_i est toujours supérieur à λp_i.

On obtient donc $I_R - I \leq \log_a \frac{1}{\lambda}$.

Q.E.D.

THEOREME 2 : En l'absence de contrainte minorante et lorsque $\sum_{i=1}^{n} a^{-R_i}$ est strictement inférieur à 1, l'information de base a avec contrainte de rang attachée à E^m peut être rendue arbitrairement voisine de l'information de base a sans contrainte de rang attachée à E^m en prenant m suffisamment grand.

Preuve.

Soit λ_m le coefficient définissant l'information de base a avec contrainte de rang $I_R(E^m)$.

Conformément au lemme 2, il suffit de montrer que λ_m tend vers 1 lorsque m croît indéfiniment.

Soit $E_1^{(m)}$, $E_2^{(m)}$ la partition de E^m définie par :

$$E_1^{(m)} = \{ e_i \in E^m \ ; \ \lambda_m p_i > a^{-R_i} \}$$

$$E_2^{(m)} = \{ e_i \in E^m \ ; \ \lambda_m p_i \leq a^{-R_i} \}$$

Comme on vient de le voir dans la preuve du lemme 2,

$$\lambda_m \sum_{e_i \in E_1^{(m)}} p_i + \sum_{e_i \in E_2^{(m)}} a^{-R_i} = 1$$

On obtient

$$\lambda_m = \frac{1 - \sum_{e_i \in E_2^{(m)}} a^{-R_i}}{\sum_{e_i \in E_1^{(m)}} p_i}$$

Or

$$\sum_{e_i \in E_2^{(m)}} a^{-R_i} \leq \sum_{e_i \in E^m} a^{-R_i} = \left[\sum_{e_i \in E} a^{-R_i} \right]^m$$

Par conséquent

$$\lambda_m \geq 1 - \left[\sum_{i=1}^{n} a^{-R_i} \right]^m$$

et comme, suivant le lemme 2 , λ_m est inférieur à 1 , il a nécessairement 1 pour limite.

Q.E.D.

THEOREME 3 : En l'absence de contrainte minorante et lorsque $\sum_{i=1}^{n} a^{-R_i}$ est strictement inférieur à 1 , le quotient par m de la longueur de cheminement du questionnaire homogène de base a optimum avec contrainte de rang séparant E^m est arbitrairement proche de l'information de base a sans contrainte de rang attachée à E , lorsque m est suffisamment grand.

Preuve.

Soit $L(E^m)$ la longueur de cheminement du questionnaire homogène de base a optimum avec contrainte de rang séparant E^m .

Soit $I_R(E^m)$ l'information de base a avec contrainte de rang attachée à E^m , et $I(E) = \sum_{i=1}^{n} p_i \log_a \frac{1}{p_i}$ l'information de base a sans contrainte de rang attachée à E .

Conformément au théorème 1 , $L(E^m) < I_R(E^m) + 1$ et suivant le théorème 2 , $I_R(E^m)$ est arbitrairement proche de $mI(E)$ si m est suffisamment grand.

Soit M tel que $m \geq M$ implique $I_R(E^m) \leq mI(E) + 1$.

On a alors $\frac{L(E^m)}{m} \leq I(E) + \frac{2}{m}$, et en prenant $m \geq M$ et suffisamment grand, on peut rendre $\frac{2}{m}$ arbitrairement petit.

Q.E.D.

Etude de la contrainte minorante.

La contrainte minorante n'est pas susceptible d'être effacée par le "codage par bloc" comme la contrainte majorante.

Un exemple montrera l'impossibilité d'obtenir un théorème analogue au théorème 2 .

Soit $a=2$, $E=\{e_1,e_2\}$, $p_1=p$, $p_2=1-p$, $R_1'=1$, $R_2'=0$.

On obtient facilement $I_R(E^m) \geq \sum_{j=o}^{m} C_j^m\, j\, p^j(1-p)^{m-j}$ où $C_j^m = \frac{m!}{j!(m-j)!}$.

Or $\sum_{j=o}^{m} C_j^m\, j\, p^j(1-p)^{m-j} = mp$.

On peut prendre p tel que $\frac{p}{I(E)}$ soit supérieur à K donné, et alors $I_R(E^m)$ est supérieur à $K\, mI(E)$.

Références :

1 C.F.PICARD - Graphes et Questionnaires, Gauthier-Villars (1972).

2 C.E.SHANNON - A mathematical Theory of communications, Bell System Tech. J. 27 (1948), 379-423, 623-656.

APPLICATION OF PROPERTIES WITH REGARD TO THE ORDER OF QUESTIONS.

Daniel TOUNISSOUX (*)

I. INTRODUCTION[1]. Let Ω be a set, and $\mathcal{A}$ a tribe of events in Ω, we consider:

- a finite complete system T of events in $(\Omega, \mathcal{A})$, let $T = (T_1, \ldots, T_n)$
- n laws of probability ℓ_j respectively defined on $(T_j, \mathcal{A} \cap T_j)$.

Given an integer a ($a \geq 2$), we consider the set Q(a) of complete systems of events defined on $(\Omega, \mathcal{A})$, having at most a elements.

Letting $q_1, \ldots, q_{a(q)}$ be the elements of such a system q, we say that q is a question with base a(q) $(a(q) \leq a)$ and issues $q_1, \ldots, q_{a(q)}$.

Furthermore, letting S(a,n) be the set of stochastic matrices which have a rows and n columns, we consider the application α of Q(a) in S(a,n) defined as follows:

$$\alpha(q) = (\alpha_i^j(q)) \quad i \in \{1, \ldots, a\} \quad j \in \{1, \ldots, n\}$$

with:

$$\begin{cases} \alpha_i^j(q) = \ell_j(q_i \cap T_j) & i \in \{1, \ldots, a(q)\} \quad j \in \{1, \ldots, n\} \\ \alpha_i^j(q) = 0 & i \in \{a(q)+1, \ldots, a\} \quad j \in \{1, \ldots, n\} \end{cases}$$

(*) U.E.R. de Mathématiques de l'Université LYON I, 43 Bd du 11 Novembre, 69100 VILLEURBANNE

Information processed by a question.

Given an element $\pi = (\pi_1, \dots, \pi_n)$ of the set P_n defined by:

$$P_n = \left\{ \pi \in R^n \mid \sum_{j=1}^{n} \pi_j = 1 \quad , \quad \pi_j \geq 0 \qquad \forall\, j \in \{1, \dots, n\} \right\}$$

π generates on $(\Omega, \mathcal{A})$ a probability p defined by:

$$\forall E \in \mathcal{A} \qquad p(E) = \sum_{j=1}^{n} \pi_j \ell_j (T_j \cap E)$$

Given an element q of Q(a), we look at the information $I_p(q,T)$ processed by q on T for the measure p.

This information depends on the question q only through its associated matrix $\alpha(q)$, and the measure p depends only on the element π of P_n. Therefore we note this information $I(\alpha(q), \pi)$

So we have:

$$I(\alpha(q), \pi) = H(\pi) - \sum_{i=1}^{a} \left[\left(\sum_{j=1}^{n} \pi_j \alpha_i^j(q) \right) H\left(\frac{\pi_1 \alpha_i^1(q)}{\sum_{j=1}^{n} \pi_j \alpha_i^j(q)}, \dots, \frac{\pi_n \alpha_i^n(q)}{\sum_{j=1}^{n} \pi_j \alpha_i^j(q)} \right) \right]$$

where $H(\pi)$ designates the Shannon entropy of an element π of P_n, i.e.

$$H(\pi) = \sum_{j=1}^{n} \pi_j \operatorname{Log} \frac{1}{\pi_j} \qquad [2]$$

Using the symmetry propriety of the function $I_p(q,T)$, we can show that this quantity may be written:

$$I(\alpha(q), \pi) = H\left[\sum_{j=1}^{n} \pi_j \alpha_1^j(q), \dots, \sum_{j=1}^{n} \pi_j \alpha_a^j(q) \right] - \sum_{j=1}^{n} \pi_j \, H\left[\alpha_1^j(q), \dots, \alpha_a^j(q) \right]$$

Order on a set of questions. [3] [4]

DEFINITION 1

Given two elements q and q_o of D, we say that q is worse than q_o, (or that q_o is better than q), and we note:

$$q \prec q_o$$

if q and q_o verify the following propriety:

$$\forall \pi \in P_n \qquad I(\alpha(q), \pi) \leq I(\alpha(q_o), \pi) \qquad (1)$$

Generalization of the relation $\prec$

The relation (1) depends on the question q only through the matrix $\alpha(q)$

DEFINITION 2

Given two elements s and s_o of S(a,n), we say that s is worse than s_o (or that s_o is better than s), and we note :

$$s \prec s_o$$

if s and s_o verify the following propriety:

$$\forall \pi \in P_n \qquad I(s, \pi) \leq I(s_o, \pi)$$

II. MAIN RESULTS. Given an element σ of S(a,n), we define the sets

$$E_\sigma^- = \{ s \in S(a,n) \mid s \prec \sigma \}$$

$$E_\sigma^+ = \{ s \in S(a,n) \mid \sigma \prec s \}$$

PROPOSITION 1.

For any element σ of S(a,n) the set E_σ^- is convex.

This proposition results from the convexity of the function $I(s, \pi)$ with respect to s.

PROPOSITION 2.

Given two elements σ and $\bar{s}$ of S(a,n) such as:

- $\sigma = (\sigma_i^j) \qquad i \in \{1,\dots,a\} \qquad j \in \{1,\dots,n\}$

$\forall j, j' \quad j \in \{1,\dots,n\} \quad j' \in \{1,\dots,n\} \quad j \neq j'$

$\exists i \in \{1,\dots,a\}$ such as $\sigma_i^j \neq \sigma_i^{j'}$

- $\bar{s} = (\bar{s}_i^j) \qquad i \in \{1,\dots,a\} \qquad j \in \{1,\dots,n\}$

$\forall j, j' \quad j \in \{1,\dots,n\} \quad j' \in \{1,\dots,n\} \qquad \forall i \in \{1,\dots,a\}$

$$\bar{s}_i^j = \bar{s}_i^{j'} \quad \text{and} \quad \bar{s}_i^j \neq 0$$

there exists a neighbourood $V_{\bar{s}}$ of $\bar{s}$ in S(a,n) such as:

$$\forall s \in V_{\bar{s}} \qquad s \prec \sigma$$

III. APPLICATION TO PARTICULAR DETECTORS.

DEFINITION 3

We define detector operating on T to be a subset D of Q(a) all the elements of which are stochastically independent for the laws ℓ_j, $j \in \{1,\ldots,n\}$

PSEUDOQUESTIONNAIRE. Given a detector D on T, we define pseudoquestionnaire (in an abbreviated form Pq) constructed on D, to be a triplet $(\mathcal{A}, u, B)$

where: - $\mathcal{A}$ is an arborescent graph (X, Γ), finite or infinite, each vertex of which has at most a successors (a integer ≥ 2)

- u is an application of the set Y of non terminal vertices of $\mathcal{A}$ into D such as:

(i) $|\Gamma_y| = a(u(y)) \qquad \forall y \in Y$

(ii) The restriction of u to the set of vertices of each path in $\mathcal{A}$ is injective.

- $B = \{ b_y \mid y \in Y \}$ where b_y is a bijection between the set of arcs going from y, and the set of issues of the question u(y).

Probabilities attached to the different elements of a Pq.

Letting Π be an element of P_n, and p the probability generated by Π on $(\Omega, \mathcal{a})$

Given a Pq $K = (\mathcal{A}, u, B)$, we consider a vertex x of K, and the ordered set $(x_0,\ldots,x_k)$ of its ancestors in K.

We note

$$\begin{cases} q(\ell) = u(x_\ell) & \ell \in \{0,\ldots,k\} \\ b_{x_\ell}((x_\ell, x_{\ell+1})) = q_{i_\ell}(\ell) \\ \mathcal{E}(x) = \bigcap_{\ell=0}^{k} q_{i_\ell}(\ell) \end{cases}$$

We define the probability of the vertex x in K operating on Π tobe the quantity $p(\mathcal{E}(x))$ noted by $p(x)$.

We define the probability vector associated with x to be the element $P(T \mid x)$ of P_n having as components $p(T_j \mid \mathcal{E}(x))$ $j \in \{1,\ldots,n\}$

We note: $p(T_j \mid \mathcal{E}(x)) = p(T_j \mid x)$

Information processed by a Pq operating on Π

We consider a Pq $K = (\mathcal{A}, u, B)$ and an element Π of P_n. Letting y be a nonterminal vertex of K, we define information processed by the vertex y of K to be the quantity: $I(y) = I(\alpha(u(y)), P(T \mid y))$

Letting Y be the set of nonterminal vertices of K, we define information processed by K operating on Π, to be the quantity

$$I(K, \Pi) = \sum_{y \in Y} p(y)\, I(y)$$

H_- convergence

A Pq K canstructed on D is said to be H_- convergent for Π if

$$I(K, \Pi) = H(\Pi)$$

Set $\mathcal{K}(D, \Pi, \rho)$

Given a detector D, an element Π of P_n and a number ρ of $]0, 1[$, we say that a P_q $K^* = (\mathcal{A}, u, B)$ is an element of $\mathcal{K}(D, \Pi, \rho)$ if and only if:

- a vertex x is terminal if and only if $\exists j_0 \in \{1,\ldots,n\}$ $p(T_{j_0} \mid x) = 1$

-letting y be a nonterminal vertex, we note:

$$\begin{cases} D(y) = \left\{ q \in D : u(x) \neq q \quad \forall x \text{ ancestor of } y \text{ in } \mathcal{A} \right\} \\ \overline{m}(y) = \operatorname{Sup} \left[I(\alpha(q), P(T \mid y)) \mid q \in D(y) \right] \\ D'(y) = \left\{ q \in D(y) : \quad (1-\rho)\, \overline{m}(y) \leq I(\alpha(q), P(T \mid y)) \leq \overline{m}(y) \right. \end{cases}$$

so $\quad u(y) \in D'(y)$

Points essentially reached

Given an infinite detector D on T , we say that a point $s \in S(a,n)$ is essentially reached by D, if for any $\delta > 0$, there exists an infinity of questions q of D, such that $d(s, \alpha(q)) \leq \delta$, where d is the euclidian distance on $\mathbb{R}^{n \times a}$.

We note S(D) the set of points essentially reached by D.

Detectors highly regular.

DEFINITION 4

A detector is said to be highly regular if:

(i) $\forall s \in S(D) \quad \forall j, j' \quad s^j = s^{j'} \quad$ and $\quad \forall i \quad s^j_i \neq 0$

(ii) $q \in D \qquad \forall j, j \qquad \alpha^j(q) \neq \alpha^{j'}(q)$

(where s^j designates the $j^{\text{th.}}$ column of the matrix s.)

PROPOSITION 3

Given a detector D, highly regular, q_0 an element of D, and ρ an element of $]0, 1[$, we have

$\forall q \in D$ except perhaps for a finite number of questions.

$$\forall \pi \in P_n \qquad I(q, \pi) < I(\alpha(q_0), \pi)\,(1-\rho)$$

PROPOSITION 4

Given an element $K^* = (\mathcal{A}, u, \mathcal{B})$ of $\mathcal{K}(D, \pi, \rho)$, for any question q of D, and for any path C of K, there exists a vertex x of C such as

$$u(x) = q$$

This proposition results directly from the third proposition and the definition of $\mathcal{K}(D, \pi, \rho)$

PROPOSITION 5

Given a detector D verifying the following condition:

$\forall j, j' \in \{1, \dots, n\}$ $j \neq j'$ there exists a set $\{q(r)\}_{r \in \mathbb{N}}$ of elements belonging to D, such that the series $\sum_r \sum_{i=1}^{a(q(r))} \left[\alpha_i^j(q(r)) - \alpha_i^{j'}(q(r))\right]^2$ is divergent.

So any element K^* of $\mathcal{K}(D, \pi, \rho)$ is H.-convergent for π .

Proof

We can suppose that there exists a set $\{q(r)\}_{r \in \mathbb{N}}$ of elements belonging to D such that the series $\sum_r \sum_{i=1}^{a(q(r))} \left[\alpha_i^j(q(r)) - \alpha_i^{j'}(q(r))\right]^2$ is divergent, $\forall j, j'$.

$\forall r \in \mathbb{N}$, the question q(r) belongs to any path of K.

We consider the Pq K, constructed as follows:

- for any vertex x of rank r in K, we take

$$u(x) = q(r)$$

we know that this Pq is H.-convergent.

On the other hand, it is obvious that K^* processes more information than K. So K^* is H. convergent too.

PROPOSITION 6

Given a detector D, highly regular for α, we consider a new application $\bar{\alpha}$ from D into S(a,n) such as:

$$\exists k > 0 \quad \forall q \in D \quad \forall j, j' \in \{1,\dots,n\} \quad j \neq j' \quad \forall i \in \{1,\dots,a\}$$

$$\left(\bar{\alpha}_i^j(q) - \bar{\alpha}_i^{j'}(q)\right)^2 \geqslant k(\alpha_i^j(q) - \alpha_i^{j'}(q))^2$$

so if K^* is H. convergent for α, K is H. convergent for $\bar{\alpha}$.

(K is said stable in the sense of the vague stability.) [5]

REFERENCES.

[1] M. TERRENOIRE "Un modèle mathémathique de processus d'interrogation: les pseudoquestionnaires" Thèse, Grenoble 1970

[2] R.B. ASH " Information theory". John Wiley and Sons, Inc. 1965

[3] D. CHENAIS Comptes rendus, 273, série A, 1971, P. 419

[4] D. TOUNISSOUX " Ordre sur des ensembles de questions" Séminaire Structures de l'Information. Paris 28/2/1973

[5] M. TERRENOIRE " Stabilité de convergence des pseudoquestionnaires"
D. TOUNISSOUX Séminaire Structures de l'Information. Paris 31/1/1973

Vol. 215: P. Antonelli, D. Burghelea and P. J. Kahn, The Concordance-Homotopy Groups of Geometric Automorphism Groups. X, 140 pages. 1971. DM 16,-

Vol. 216: H. Maaß, Siegel's Modular Forms and Dirichlet Series. VII, 328 pages. 1971. DM 20,-

Vol. 217: T. J. Jech, Lectures in Set Theory with Particular Emphasis on the Method of Forcing. V, 137 pages. 1971. DM 16,-

Vol. 218: C. P. Schnorr, Zufälligkeit und Wahrscheinlichkeit. IV, 212 Seiten. 1971. DM 20,-

Vol. 219: N. L. Alling and N. Greenleaf, Foundations of the Theory of Klein Surfaces. IX, 117 pages. 1971. DM 16,-

Vol. 220: W. A. Coppel, Disconjugacy. V, 148 pages. 1971. DM 16,-

Vol. 221: P. Gabriel und F. Ulmer, Lokal präsentierbare Kategorien. V, 200 Seiten. 1971. DM 18,-

Vol. 222: C. Meghea, Compactification des Espaces Harmoniques. III, 108 pages. 1971. DM 16,-

Vol. 223: U. Felgner, Models of ZF-Set Theory. VI, 173 pages. 1971. DM 16,-

Vol. 224: Revètements Etales et Groupe Fondamental. (SGA 1). Dirigé par A. Grothendieck XXII, 447 pages. 1971. DM 30,-

Vol. 225: Théorie des Intersections et Théorème de Riemann-Roch. (SGA 6). Dirigé par P. Berthelot, A. Grothendieck et L. Illusie. XII, 700 pages. 1971. DM 40,-

Vol. 226: Seminar on Potential Theory, II. Edited by H. Bauer. IV, 170 pages. 1971. DM 18,-

Vol. 227: H. L. Montgomery, Topics in Multiplicative Number Theory. IX, 178 pages. 1971. DM 18,-

Vol. 228: Conference on Applications of Numerical Analysis. Edited by J. Ll. Morris. X, 358 pages. 1971. DM 26,-

Vol. 229: J. Väisälä, Lectures on n-Dimensional Quasiconformal Mappings. XIV, 144 pages. 1971. DM 16,-

Vol. 230: L. Waelbroeck, Topological Vector Spaces and Algebras. VII, 158 pages. 1971. DM 16,-

Vol. 231: H. Reiter, L^1-Algebras and Segal Algebras. XI, 113 pages. 1971. DM 16,-

Vol. 232: T. H. Ganelius, Tauberian Remainder Theorems. VI, 75 pages. 1971. DM 16,-

Vol. 233: C. P. Tsokos and W. J. Padgett. Random Integral Equations with Applications to stochastic Systems. VII, 174 pages. 1971. DM 18,-

Vol. 234: A. Andreotti and W. Stoll. Analytic and Algebraic Dependence of Meromorphic Functions. III, 390 pages. 1971. DM 26,-

Vol. 235: Global Differentiable Dynamics. Edited by O. Hájek, A. J. Lohwater, and R. McCann. X, 140 pages. 1971. DM 16,-

Vol. 236: M. Barr, P. A. Grillet, and D. H. van Osdol. Exact Categories and Categories of Sheaves. VII, 239 pages. 1971. DM 20,-

Vol. 237: B. Stenström, Rings and Modules of Quotients. VII, 136 pages. 1971. DM 16,-

Vol. 238: Der kanonische Modul eines Cohen-Macaulay-Rings. Herausgegeben von Jürgen Herzog und Ernst Kunz. VI, 103 Seiten. 1971. DM 16,-

Vol. 239: L. Illusie, Complexe Cotangent et Déformations I. XV, 355 pages. 1971. DM 26,-

Vol. 240: A. Kerber, Representations of Permutation Groups I. VII, 192 pages. 1971. DM 18,-

Vol. 241: S. Kaneyuki, Homogeneous Bounded Domains and Siegel Domains. V, 89 pages. 1971. DM 16,-

Vol. 242: R. R. Coifman et G. Weiss, Analyse Harmonique Non-Commutative sur Certains Espaces. V, 160 pages. 1971. DM 16,-

Vol. 243: Japan-United States Seminar on Ordinary Differential and Functional Equations. Edited by M. Urabe. VIII, 332 pages. 1971. DM 26,-

Vol. 244: Séminaire Bourbaki – vol. 1970/71. Exposés 382–399. IV, 356 pages. 1971. DM 26,-

Vol. 245: D. E. Cohen, Groups of Cohomological Dimension One. V, 99 pages. 1972. DM 16,-

Vol. 246: Lectures on Rings and Modules. Tulane University Ring and Operator Theory Year, 1970–1971. Volume I. X, 661 pages. 1972. DM 40,-

Vol. 247: Lectures on Operator Algebras. Tulane University Ring and Operator Theory Year, 1970–1971. Volume II. XI, 786 pages. 1972. DM 40,-

Vol. 248: Lectures on the Applications of Sheaves to Ring Theory. Tulane University Ring and Operator Theory Year, 1970–1971. Volume III. VIII, 315 pages. 1971. DM 26,-

Vol. 249: Symposium on Algebraic Topology. Edited by P. J. Hilton. VII, 111 pages. 1971. DM 16,-

Vol. 250: B. Jónsson, Topics in Universal Algebra. VI, 220 pages. 1972. DM 20,-

Vol. 251: The Theory of Arithmetic Functions. Edited by A. A. Gioia and D. L. Goldsmith VI, 287 pages. 1972. DM 24,-

Vol. 252: D. A. Stone, Stratified Polyhedra. IX, 193 pages. 1972. DM 18,-

Vol. 253: V. Komkov, Optimal Control Theory for the Damping of Vibrations of Simple Elastic Systems. V, 240 pages. 1972. DM 20,-

Vol. 254: C. U. Jensen, Les Foncteurs Dérivés de $\varprojlim$ et leurs Applications en Théorie des Modules. V, 103 pages. 1972. DM 16,-

Vol. 255: Conference in Mathematical Logic – London '70. Edited by W. Hodges. VIII, 351 pages. 1972. DM 26,-

Vol. 256: C. A. Berenstein and M. A. Dostal, Analytically Uniform Spaces and their Applications to Convolution Equations. VII, 130 pages. 1972. DM 16,-

Vol. 257: R. B. Holmes, A Course on Optimization and Best Approximation. VIII, 233 pages. 1972. DM 20,-

Vol. 258: Séminaire de Probabilités VI. Edited by P. A. Meyer. VI, 253 pages. 1972. DM 22,-

Vol. 259: N. Moulis, Structures de Fredholm sur les Variétés Hilbertiennes. V, 123 pages. 1972. DM 16,-

Vol. 260: R. Godement and H. Jacquet, Zeta Functions of Simple Algebras. IX, 188 pages. 1972. DM 18,-

Vol. 261: A. Guichardet, Symmetric Hilbert Spaces and Related Topics. V, 197 pages. 1972. DM 18,-

Vol. 262: H. G. Zimmer, Computational Problems, Methods, and Results in Algebraic Number Theory. V, 103 pages. 1972. DM 16,-

Vol. 263: T. Parthasarathy, Selection Theorems and their Applications. VII, 101 pages. 1972. DM 16,-

Vol. 264: W. Messing, The Crystals Associated to Barsotti-Tate Groups: With Applications to Abelian Schemes. III, 190 pages. 1972. DM 18,-

Vol. 265: N. Saavedra Rivano, Catégories Tannakiennes. II, 418 pages. 1972. DM 26,-

Vol. 266: Conference on Harmonic Analysis. Edited by D. Gulick and R. L. Lipsman. VI, 323 pages. 1972. DM 24,-

Vol. 267: Numerische Lösung nichtlinearer partieller Differential- und Integro-Differentialgleichungen. Herausgegeben von R. Ansorge und W. Törnig, VI, 339 Seiten. 1972. DM 26,-

Vol. 268: C. G. Simader, On Dirichlet's Boundary Value Problem. IV, 238 pages. 1972. DM 20,-

Vol. 269: Théorie des Topos et Cohomologie Etale des Schémas. (SGA 4). Dirigé par M. Artin, A. Grothendieck et J. L. Verdier. XIX, 525 pages. 1972. DM 50,-

Vol. 270: Théorie des Topos et Cohomologie Etale des Schémas. Tome 2. (SGA 4). Dirigé par M. Artin, A. Grothendieck et J. L. Verdier. V, 418 pages. 1972. DM 50,-

Vol. 271: J. P. May, The Geometry of Iterated Loop Spaces. IX, 175 pages. 1972. DM 18,-

Vol. 272: K. R. Parthasarathy and K. Schmidt, Positive Definite Kernels, Continuous Tensor Products, and Central Limit Theorems of Probability Theory. VI, 107 pages. 1972. DM 16,-

Vol. 273: U. Seip, Kompakt erzeugte Vektorräume und Analysis. IX, 119 Seiten. 1972. DM 16,-

Vol. 274: Toposes, Algebraic Geometry and Logic. Edited by. F. W. Lawvere. VI, 189 pages. 1972. DM 18,-

Vol. 275: Séminaire Pierre Lelong (Analyse) Année 1970–1971. VI, 181 pages. 1972. DM 18,-

Vol. 276: A. Borel, Représentations de Groupes Localement Compacts. V, 98 pages. 1972. DM 16,-

Vol. 277: Séminaire Banach. Edité par C. Houzel. VII, 229 pages. 1972. DM 20,-

Vol. 278: H. Jacquet, Automorphic Forms on GL(2). Part II. XIII, 142 pages. 1972. DM 16,–

Vol. 279: R. Bott, S. Gitler and I. M. James, Lectures on Algebraic and Differential Topology. V, 174 pages. 1972. DM 18,–

Vol. 280: Conference on the Theory of Ordinary and Partial Differential Equations. Edited by W. N. Everitt and B. D. Sleeman. XV, 367 pages. 1972. DM 26,–

Vol. 281: Coherence in Categories. Edited by S. Mac Lane. VII, 235 pages. 1972. DM 20,–

Vol. 282: W. Klingenberg und P. Flaschel, Riemannsche Hilbertmannigfaltigkeiten. Periodische Geodätische. VII, 211 Seiten. 1972. DM 20,–

Vol. 283: L. Illusie, Complexe Cotangent et Déformations II. VII, 304 pages. 1972. DM 24,–

Vol. 284: P. A. Meyer, Martingales and Stochastic Integrals I. VI, 89 pages. 1972. DM 16,–

Vol. 285: P. de la Harpe, Classical Banach-Lie Algebras and Banach-Lie Groups of Operators in Hilbert Space. III, 160 pages. 1972. DM 16,–

Vol. 286: S. Murakami, On Automorphisms of Siegel Domains. V, 95 pages. 1972. DM 16,–

Vol. 287: Hyperfunctions and Pseudo-Differential Equations. Edited by H. Komatsu. VII, 529 pages. 1973. DM 36,–

Vol. 288: Groupes de Monodromie en Géométrie Algébrique. (SGA 7 I). Dirigé par A. Grothendieck. IX, 523 pages. 1972. DM 50,–

Vol. 289: B. Fuglede, Finely Harmonic Functions. III, 188. 1972. DM 18,–

Vol. 290: D. B. Zagier, Equivariant Pontrjagin Classes and Applications to Orbit Spaces. IX, 130 pages. 1972. DM 16,–

Vol. 291: P. Orlik, Seifert Manifolds. VIII, 155 pages. 1972. DM 16,–

Vol. 292: W. D. Wallis, A. P. Street and J. S. Wallis, Combinatorics: Room Squares, Sum-Free Sets, Hadamard Matrices. V, 508 pages. 1972. DM 50,–

Vol. 293: R. A. DeVore, The Approximation of Continuous Functions by Positive Linear Operators. VIII, 289 pages. 1972. DM 24,–

Vol. 294: Stability of Stochastic Dynamical Systems. Edited by R. F. Curtain. IX, 332 pages. 1972. DM 26,–

Vol. 295: C. Dellacherie, Ensembles Analytiques, Capacités, Mesures de Hausdorff. XII, 123 pages. 1972. DM 16,–

Vol. 296: Probability and Information Theory II. Edited by M. Behara, K. Krickeberg and J. Wolfowitz. V, 223 pages. 1973. DM 20,–

Vol. 297: J. Garnett, Analytic Capacity and Measure. IV, 138 pages. 1972. DM 16,–

Vol. 298: Proceedings of the Second Conference on Compact Transformation Groups. Part 1. XIII, 453 pages. 1972. DM 32,–

Vol. 299: Proceedings of the Second Conference on Compact Transformation Groups. Part 2. XIV, 327 pages. 1972. DM 26,–

Vol. 300: P. Eymard, Moyennes Invariantes et Représentations Unitaires. II. 113 pages. 1972. DM 16,–

Vol. 301: F. Pittnauer, Vorlesungen über asymptotische Reihen. VI, 186 Seiten. 1972. DM 18,–

Vol. 302: M. Demazure, Lectures on p-Divisible Groups. V, 98 pages. 1972. DM 16,–

Vol. 303: Graph Theory and Applications. Edited by Y. Alavi, D. R. Lick and A. T. White. IX, 329 pages. 1972. DM 26,–

Vol. 304: A. K. Bousfield and D. M. Kan, Homotopy Limits, Completions and Localizations. V, 348 pages. 1972. DM 26,–

Vol. 305: Théorie des Topos et Cohomologie Etale des Schémas. Tome 3. (SGA 4). Dirigé par M. Artin, A. Grothendieck et J. L. Verdier. VI, 640 pages. 1973. DM 50,–

Vol. 306: H. Luckhardt, Extensional Gödel Functional Interpretation. VI, 161 pages. 1973. DM 18,–

Vol. 307: J. L. Bretagnolle, S. D. Chatterji et P.-A. Meyer, Ecole d'été de Probabilités: Processus Stochastiques. VI, 198 pages. 1973. DM 20,–

Vol. 308: D. Knutson, λ-Rings and the Representation Theory of the Symmetric Group. IV, 203 pages. 1973. DM 20,–

Vol. 309: D. H. Sattinger, Topics in Stability and Bifurcation Theory. VI, 190 pages. 1973. DM 18,–

Vol. 310: B. Iversen, Generic Local Structure of the Morphisms in Commutative Algebra. IV, 108 pages. 1973. DM 16,–

Vol. 311: Conference on Commutative Algebra. Edited by J. W. Brewer and E. A. Rutter. VII, 251 pages. 1973. DM 22,–

Vol. 312: Symposium on Ordinary Differential Equations. Edited by W. A. Harris, Jr. and Y. Sibuya. VIII, 204 pages. 1973. DM 22,–

Vol. 313: K. Jörgens and J. Weidmann, Spectral Properties of Hamiltonian Operators. III, 140 pages. 1973. DM 16,–

Vol. 314: M. Deuring, Lectures on the Theory of Algebraic Functions of One Variable. VI, 151 pages. 1973. DM 16,–

Vol. 315: K. Bichteler, Integration Theory (with Special Attention to Vector Measures). VI, 357 pages. 1973. DM 26,–

Vol. 316: Symposium on Non-Well-Posed Problems and Logarithmic Convexity. Edited by R. J. Knops. V, 176 pages. 1973. DM 18,–

Vol. 317: Séminaire Bourbaki – vol. 1971/72. Exposés 400–417. IV, 361 pages. 1973. DM 26,–

Vol. 318: Recent Advances in Topological Dynamics. Edited by A. Beck, VIII, 285 pages. 1973. DM 24,–

Vol. 319: Conference on Group Theory. Edited by R. W. Gatterdam and K. W. Weston. V, 188 pages. 1973. DM 18,–

Vol. 320: Modular Functions of One Variable I. Edited by W. Kuyk. V, 195 pages. 1973. DM 18,–

Vol. 321: Séminaire de Probabilités VII. Edité par P. A. Meyer. VI, 322 pages. 1973. DM 26,–

Vol. 322: Nonlinear Problems in the Physical Sciences and Biology. Edited by I. Stakgold, D. D. Joseph and D. H. Sattinger. VIII, 357 pages. 1973. DM 26,–

Vol. 323: J. L. Lions, Perturbations Singulières dans les Problèmes aux Limites et en Contrôle Optimal. XII, 645 pages. 1973. DM 42,–

Vol. 324: K. Kreith, Oscillation Theory. VI, 109 pages. 1973. DM 16,–

Vol. 325: Ch.-Ch. Chou, La Transformation de Fourier Complexe et L'Equation de Convolution. IX, 137 pages. 1973. DM 16,–

Vol. 326: A. Robert, Elliptic Curves. VIII, 264 pages. 1973. DM 22,–

Vol. 327: E. Matlis, 1-Dimensional Cohen-Macaulay Rings. XII, 157 pages. 1973. DM 18,–

Vol. 328: J. R. Büchi and D. Siefkes, The Monadic Second Order Theory of All Countable Ordinals. VI, 217 pages. 1973. DM 20,–

Vol. 329: W. Trebels, Multipliers for (C, α)-Bounded Fourier Expansions in Banach Spaces and Approximation Theory. VII, 103 pages. 1973. DM 16,–

Vol. 330: Proceedings of the Second Japan-USSR Symposium on Probability Theory. Edited by G. Maruyama and Yu. V. Prokhorov. VI, 550 pages. 1973. DM 36,–

Vol. 331: Summer School on Topological Vector Spaces. Edited by L. Waelbroeck. VI, 226 pages. 1973. DM 20,–

Vol. 332: Séminaire Pierre Lelong (Analyse) Année 1971-1972. V, 131 pages. 1973. DM 16,–

Vol. 333: Numerische, insbesondere approximationstheoretische Behandlung von Funktionalgleichungen. Herausgegeben von R. Ansorge und W. Törnig. VI, 296 Seiten. 1973. DM 24,–

Vol. 334: F. Schweiger, The Metrical Theory of Jacobi-Perron Algorithm. V, 111 pages. 1973. DM 16,–

Vol. 335: H. Huck, R. Roitzsch, U. Simon, W. Vortisch, R. Walden, B. Wegner und W. Wendland, Beweismethoden der Differentialgeometrie im Großen. IX, 159 Seiten. 1973. DM 18,–

Vol. 336: L'Analyse Harmonique dans le Domaine Complexe. Edité par E. J. Akutowicz. VIII, 169 pages. 1973. DM 18,–

Vol. 337: Cambridge Summer School in Mathematical Logic. Edited by A. R. D. Mathias and H. Rogers. IX, 660 pages. 1973. DM 42,–

Vol. 338: J. Lindenstrauss and L. Tzafriri, Classical Banach Spaces. IX, 243 pages. 1973. DM 22,–

Vol. 339: G. Kempf, F. Knudsen, D. Mumford and B. Saint-Donat, Toroidal Embeddings I. VIII, 209 pages. 1973. DM 20,–

Vol. 340: Groupes de Monodromie en Géométrie Algébrique. (SGA 7 II). Par P. Deligne et N. Katz. X, 438 pages. 1973. DM 40,–

Vol. 341: Algebraic K-Theory I, Higher K-Theories. Edited by H. Bass. XV, 335 pages. 1973. DM 26,–

Vol. 342: Algebraic K-Theory II, "Classical" Algebraic K-Theory, and Connections with Arithmetic. Edited by H. Bass. XV, 527 pages. 1973. DM 36,–